# 计算机网络技术与应用实践

王良敏　陈榖帅　张立娣　著

吉林人民出版社

**图书在版编目(CIP)数据**

计算机网络技术与应用实践 / 王良敏，陈榎帅，张
立娣著. —长春：吉林人民出版社，2023.11
　　ISBN 978-7-206-20471-5

　　Ⅰ．①计… Ⅱ．①王… ②陈… ③张… Ⅲ．①计算机
网络 Ⅳ．①TP393

中国国家版本馆 CIP 数据核字(2023)第 217643 号

计算机网络技术与应用实践
JISUANJI WANGLUO JISHU YU YINGYONG SHIJIAN

著　　者：王良敏　陈榎帅　张立娣
责任编辑：郝晨宇
助理编辑：张丹阳
出版发行：吉林人民出版社(长春市人民大街 7548 号　邮政编码：130022)
印　　刷：吉林省海德堡印务有限公司
开　　本：787mm×1092mm　　　　1/16
印　　张：13.75　　　　　　字　　数：250 千字
标准书号：ISBN 978-7-206-20471-5
版　　次：2024 年 4 月第 1 版　　　印　　次：2024 年 4 月第 1 次印刷
定　　价：48.00 元

# 目 录

# 第一章 计算机网络概述

## 第一节 计算机网络

### 一、计算机网络的定义

在计算机网络发展的不同阶段,由于人们对计算机网络的理解不同而提出了不同的定义。这些定义观点可分为三类——广义的观点、资源共享的观点和对用户透明的观点。就目前计算机网络现状来看,从资源共享的观点出发,通常将计算机网络定义为将相互独立的计算机系统以通信线路相连接,按照全网统一的网络协议进行数据通信,从而实现网络资源共享的计算机系统的集合。这种定义突出强调了以下四个方面。

(一)计算机相互独立

从分布的地理位置来看,它们是独立的,既可以距离很近,也可以相隔千里;从数据处理功能上来看,它们也是独立的,既可以联入网内工作,也可以脱离网络独立工作,而且联网工作时,也没有明确的主从关系,即网内的一台计算机不能强制性地控制另一台计算机。

(二)通信线路相连接

各计算机系统必须用传输介质和互联设备实现互联,传输介质可以使用双绞线、同轴电缆、光纤、微波、无线电等。

(三)全网采用统一的网络协议

全网中各计算机在通信过程中必须共同遵守全网统一的通信规则,即网络协议。

(四)资源共享

计算机网络中一台计算机的资源——硬件、软件和信息都可以和全网其他计算机系统共享。

## 二、计算机网络的发展阶段

世界上第一台电子计算机的诞生在当时是很大的创举，但是任何人都没有预测到多年后的今天，计算机在社会各个领域的应用和影响是如此广泛和深远。1969 年 12 月世界上第一个数据包交换计算机网络阿帕网（AR-PANET）出现时，也不会有人预测到时隔多年，计算机网络在现代信息社会中扮演了如此重要的角色。因特网是当前世界上最大的国际性计算机互联网络，而且还在发展之中。回顾计算机网络的发展历史，对预测这个行业的未来有启发意义。在电气时代到来之前，还不具备发展远程通信的先决条件，所以通信事业的发展十分缓慢。从 19 世纪 40 年代到 20 世纪 30 年代，电磁技术被广泛用于通信。1844 年电报的发明以及 1876 年电话的出现，开始了近代电信事业，为人们迅速传递信息提供了方便。从 20 世纪 30 年代到 60 年代，电子技术被广泛应用于通信领域。

纵观计算机网络的发展历史可以发现，它和其他事物的发展一样，也经历了从简单到复杂、从低级到高级的过程。在这一过程中，计算机技术与通信技术紧密结合、相互促进、共同发展，最终产生了计算机网络。

### （一）第一代计算机网络

1946 年，世界上第一台数字计算机问世，但当时计算机的数量非常少，且非常昂贵。由于当时的计算机大都采用批处理方式，用户使用计算机首先要将程序和数据制成纸带或卡片，再送到计算中心进行处理。1954 年，出现了一种被称作收发器（transceiver）的终端，人们使用这种终端首次实现了将穿孔卡片上的数据通过电话线路发送到远地的计算机。此后，电传打字机也作为远程终端和计算机相连，用户可以在远地的电传打字机上输入自己的程序，而计算机计算出来的结果也可以传送到远地的电传打字机上并打印出来，计算机网络的基本原型就这样诞生了。

由于当初的计算机是为批处理而设计的，因此当计算机和远程终端相连时，必须在计算机上增加一个接口。显然，这个接口应当对计算机原来软件和硬件的影响都尽可能小。这样就出现了如图 1—1 所示的线路控制器

(line controller)。图中的调制解调器 M 是必需的,因为电话线路本来是为传送模拟话音而设计的。

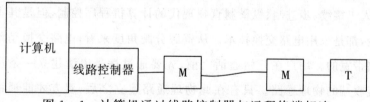

图 1－1　计算机通过线路控制器与远程终端相连

随着远程终端数量的增加,为了避免一台计算机使用多个线路控制器,60 年代初期,出现了多重线路控制器(multiple line controller)。它可以和多个远程终端相连接,构成面向终端的计算机通信网,如图 1－2 所示。有人将这种最简单的通信网称为第一代计算机网络。这里,计算机是网络的控制中心,终端围绕着中心分布在各处,而计算机的主要任务是进行批处理。

同时考虑到为一个用户架设直达的通信线路是一种极大的浪费,因此在用户终端和计算机之间通过公用电话网进行通信。

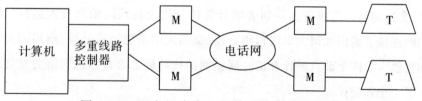

图 1－2　以主机为中心的第一代计算机网络

在第一代计算机网络中,人们利用通信线路、集中器、多路复用器以及公用电话网等设备,将一台计算机与多台用户终端相连接。用户通过终端命令以交互的方式使用计算机系统,从而将单一计算机系统的各种资源分散到了每个用户手中。面向终端的计算机网络系统(分时系统)的成功,极大地刺激了用户使用计算机的热情,使计算机用户的数量迅速增加。但这种网络系统也存在着一些缺点:如果计算机的负荷较重,会导致系统响应时间过长;而且单机系统的可靠性一般较低,一旦计算机发生故障,将导致整个网络系统瘫痪。

## (二)第二代计算机网络

为了克服第一代计算机网络的缺点,提高网络的可靠性和可用性,人们开始研究将多台计算机相互连接的方法。人们首先想到的是能否借鉴电话系统中所采用的电路交换思想。多年来,虽然电话交换机经过多次更新换代,从人工接续、步进制、纵横制直到现代的计算机程序控制,但是其本质始终未变,都是采用电路交换技术。从资源分配角度来看,电路交换是预先分配线路带宽的。用户在开始通话之前,先要通过拨号申请建立一条从发送端到接收端的物理通路。只有在此物理通路建立之后,双方才能通话。在通话过程中,用户始终占有从发送端到接收端的固定传输带宽。

电路交换本来是为电话通信而设计的,对于计算机网络来说,建立通路的呼叫过程太长,必须寻找新的适合计算机通信的交换技术。1964 年 8 月,巴兰在美国兰德(Rand)公司《论分布式通信》的研究报告中提到了存储转发的概念。1962－1965 年,美国国防部高级研究计划署(Advanced Research Projects Agency,ARPA)和英国的国家物理实验室(National Physics Laboratory,NPL)都在对新型的计算机通信技术进行研究。英国国家物理实验室的戴维斯于 1966 年首次提出了"分组"(packet)这一概念。到 1969 年 12 月,美国国防部高级研究计划署的计算机分组交换网阿帕网投入运行。阿帕网连接了美国加州大学洛杉矶分校、加州大学圣巴巴拉分校、斯坦福大学和犹他大学四个节点的计算机。阿帕网的成功标志着计算机网络的发展进入了一个新纪元。

### (三)第三代计算机网络

在网络中,相互通信的计算机必须高度协调工作,而这种"协调"是相当复杂的。为了降低网络设计的复杂性,早在设计阿帕网时就有专家提出了层次模型。分层设计方法可以将庞大而复杂的问题转化为若干较小且易于处理的子问题。1974 年 IBM 公司宣布了它研制的系统网络体系结构 SNA(System Network Architecture),它是按照分层的方法制定的。DEC 公司也在 70 年代末开发了自己的网络体系结构——数字网络体系结构(Digital Network Architecture,DNA)。

但由于各个公司的网络体系结构是各不相同的,所以不同公司之间的网络不能互联互通。针对上述情况,国际标准化组织(ISO)于 1977 年设立了专门的机构研究解决上述问题,并于不久后提出了一个使各种计算机能够互联的标准框架——开放式系统互联参考模型（Open System Interconnection/Reference Model，OSI/RM），简称 OSI。OSI 参考模型的出现意味着计算机网络发展到第三代。

### （四）新一代网络

计算机网络经过第一代、第二代和第三代的发展，表现出巨大的使用价值和良好的应用前景。进入 20 世纪 90 年代以来，微电子技术、大规模集成电路技术、光通信技术和计算机技术不断发展，为网络技术的发展提供了有力的支持；而网络应用正迅速朝着高速化、实时化、智能化、集成化和多媒体化的方向不断深入，新一代网络的出现已成必然。

计算机网络的发展既受到计算机科学技术和通信科学技术的支撑，又受到网络应用需求的推动。如今，计算机网络从体系结构到实用技术已逐步走向系统化、科学化和工程化。作为一门年轻的学科，它具有极强的理论性、综合性和依赖性，又具有自身特有的研究内容。它必须在一定的约束条件下研究如何合理、有效地管理和调度网络资源（如链路、带宽、信息等），提供适应不同应用需求的网络服务和拓展新的网络应用。

## 三、计算机网络的主要功能

### （一）数据通信

现代社会信息量激增，信息交换也日益增多，利用计算机网络传递信件是一种全新的传递方式。电子邮件比现有的通信工具有更多的优点，它不像电话需要通话者同时在场，也不像广播系统只是单方向传递信息，在速度上比传统邮件快得多。另外，电子邮件还可以携带声音、图像和视频，实现多媒体通信。如果计算机网络覆盖的地域足够大，则可使各种信息通过电子邮件在全国乃至全球范围内快速传递和处理。除电子邮件以外，计算机网络给科学家和工程师们提供了一个网络环境，在此基础上可以建立一种新型的合作方式——计算机支持协同工作（Computer Supported Cooperative Work，CSCW），它消除了地理上的距离限制。

### （二）资源共享

计算机网络最主要的功能就是资源共享。从用户的角度来看，网络用户既可以使用本地计算机上的资源，又可以使用远程计算机上的资源，这里说的资源包括网内计算机的硬件、软件和信息资源。

硬件资源包括硬盘存储器、光盘存储器等存储设备，打印机、扫描仪等输入输出设备以及 CPU；软件资源包括各种文件、应用软件以及数据库等。例如，用户通过远程作业提交的方式，可以共享大型机的 CPU、存储器资源和共享的打印机、绘图仪等外部设备。还可以通过远程登录的方式，登录到该大型机上去使用大型软件包，如专用绘图软件等。为了提供全网的信息资源共享，可以在台计算机上安装共享数据库，这种共享扩大了资源使用的范围。

（三）增加可靠性

在一个系统内，单个部件或计算机的暂时失效必须通过替换资源的办法来维持系统的继续运行。但在计算机网络中，每种资源（尤其程序和数据）可以存放在多个地点，而用户可以通过多种途径来访问网内的某个资源，从而避免了单点失效对用户产生的影响。

（四）提高系统处理能力

单机的处理能力是有限的，且由于种种原因，计算机之间的忙闲程度是不均匀的。从理论上讲，在同一网内的多台计算机可通过协同操作和并行处理来提高整个系统的处理能力，并使网内各计算机负载均衡。

## 四、计算机网络的组成

计算机网络要完成数据的处理和通信任务，其基本组成就必须包括进行数据处理的设备以及承载数据传输任务的通信设施。

（一）网络节点

网络节点又称为网络单元，是指网络系统中的各种数据处理设备、数据通信设备和终端设备。网络节点可以分为三类：端节点、中间节点和混合节点。端节点又称为访问节点或站点，是指计算机资源中的用户设备，如用户主机、用户终端设备等。中间节点是指在计算机网络中起数据交换作用的连通性设备，如路由器、网关、交换机等设备。混合节点又称为全功能节点，它是既可以作为端节点又可以作为中间节点的设备。

## (二)网络链路

网络链路承载着节点间的数据传输任务,链路又分为物理链路和逻辑链路。物理链路是在网络节点间用各种传输介质连接起来的物理线路,是实现数据传输的基本设施。网络就是由许多的物理链路串联起来的。逻辑链路则是在物理链路的基础上增加了实现数据传输控制任务的硬件和软件的通道。真正实现数据传输任务仅仅依靠物理链路是无法完成的,必须通过逻辑链路才能实现。

## (三)资源子网

资源子网由主机、终端和终端控制器组成,其目标是使用户共享网络的各种软、硬件及数据资源,提供网络访问和分布式数据处理功能。早期的计算机系统通常由主机、终端和终端控制器组成。主机的任务是完成数据处理,提供共享资源给用户或其他联网计算机;终端是人与计算机进行交互对话的界面,也可以具备存储能力或信息处理能力;终端控制器则负责终端的链路管理和信息重组任务。现代计算机系统则包括用于工作站节点的客户机和用于网站节点的各种服务器,如浏览服务器、邮件服务器等。

## (四)通信子网

通信子网由各种传输介质、通信设备和相应的网络协议组成,它为网络提供数据传输、交换和控制能力,实现了联网计算机之间的数据通信功能。人们熟悉的传输介质包括同轴电缆、双绞线、光纤等;通信设备包括集线器、中继器、路由器、调制解调器以及网卡等。不同的网络对数据交换格式有不同的规定,这就是网络之间的协议。目前在开放系统互联协议中,应用最广的协议是 TCP/IP,它已被因特网广泛使用。

# 第二节  计算机网络体系结构

## 一、网络体系结构的概念

### (一)网络体系结构的定义

从网络协议的层次模型可以看出,整个网络通信功能被分解到若干层次中分别定义,并且各层次对等实体之间存在着通信和通信协议,下层通过层间接口向上层提供服务。一个功能完备的计算机网络需要一套复杂的协议集。

网络体系结构(Network Architecture)定义为:计算机网络的所有功能层次、各层次的通信协议以及相邻层次间接口的集合。

构成网络体系结构的分层、协议和接口是其三要素,可以表示为:

$$网络体系结构=\{分层、协议、接口\}$$

需要指出的是,网络体系结构说明了计算机网络层次结构应如何设置,并且应该如何对各层的功能进行精确定义的问题。它是抽象的,而不是具体的,其目的是在统一的原则下设计、建造和发展计算机网络。网络体系结构仅给出一般性指导标准和概念性框架,至于用何种硬件和软件来实现定义的功能,则不属于网络体系结构的范畴。可见,对同样的网络体系结构可采用不同的方法,用完全不同的硬件和软件,实现相应层次的功能。

### (二)网络体系结构的分层原则

目前,各种网络协议都采用层次结构,如 OSI/RM、TCP/IP、SNA 等。不同网络协议的分层方法会有很大差异。一般来说,分层应考虑如下一些原则:

第一,各层功能明确。各层具有自己特定的、与其他层次不同的基本功能。既要保持系统功能的完整,又要避免系统功能的重叠。各层结构相对稳定。

第二,接口清晰简洁。下层通过接口对上层提供服务,该接口定义了可向上层提供的操作和服务,并且要求通过接口的信息量最小。

第三,层次数量适中。为了便于实现,应避免层次太多而引起系统烦冗和协议复杂化,也要避免层次过少而引起一层中多种功能混杂。

第四,协议标准化。各层功能的划分和设计应强调协议的标准化。

### (三)网络体系层次结构的优点

网络协议采取层次结构具有如下一些优点:

第一,各层相互独立。上面一层只要知道下一层通过层间接口所能提供的服务,而不需了解其实现的细节。

第二,灵活性好。随着网络技术的不断变化,每一层的实现方法和技术也会发生变化,当某一层发生变化时,只要层间接口不变,则上下层均不受影响。这种灵活性为协议的修改提供了很大的方便。

第三,实现技术最优化。分层结构使得各层都可以选择最优的实现技术,并不断更新。

第四,易于实现和维护。系统被分解为若干部分,分别在较小范围内实现、调试和维护,显然比把系统当成一个整体操作要简便。并且一个功能部件出现的故障不会危及整个系统。

第五,促进标准化。每一层的功能和所提供的服务都可以进行精确的说明,这有助于促进标准化。

## 二、OSI 参考模型

开放系统互联参考模型(OSI/RM)中的"开放"是指一个系统只要遵循OSI 标准,就可以和位于世界任何地方同样遵循这个标准的其他任何系统进行通信。强调"开放"也就是说系统可以实现"互联"。这里的系统可以是计算机和这些计算机相关的软件以及其他外部设备等的集合。

(一)OSI/RM 的 7 层模型

OSI/RM 采用的是分层体系结构。它定义了网络体系结构的 7 层框架,最下层为第 1 层,依次向上,最高层为第 7 层。从第 1 层到第 7 层的命名为:物理层、数据链路层、网络层、运输层、会话层、表示层和应用层,分别用英文字母 PH、DL、N、T、S、P 和 A 来表示。

(二)OSI 参考模型中的对等实体和 7 层协议

OSI 参考模型每一层次中包括两个实体,称为对等实体(Peer Entity)。每层对等实体之间都存在着通信,即信息交换,因此定义了 7 层协议,分别以层的名称来命名。由上往下依次为应用层协议、表示层协议、会话层协议、运输层协议、网络层协议、数据链路层协议和物理层协议,各层协议定义了相应层的协议控制信息的规则和格式。

(三)OSI 参考模型各层的主要功能

OSI/RM 定义了每一层的功能以及各层通过接口为其上层所能提供的

服务。

**1. 物理层(Physical Layer)**

物理层实现透明地传送比特流,为数据链路提供物理连接服务。

**2. 数据链路层(Data Link Layer)**

数据链路层在通信的实体之间负责建立、维持和释放数据链路连接,在相邻两个节点间采用差错控制、流量控制方法,为网络层提供无差错的数据传输服务。

**3. 网络层(Network Layer)**

网络层通过路由算法,为分组选择最适当的路径,并实现差错检测、流量控制与网络互联等功能。

**4. 运输层(Transport Layer)**

运输层完成端到端(End-to-End)的差错控制、流量控制等。这里"端"指的是主机,和数据链路层的"点—点"概念不同。运输层是计算机网络体系结构中关键的一层,它为高层提供端到端可靠、透明的数据传输服务。

**5. 会话层(Session Layer)**

会话层组织两个会话进程之间的数据传输同步,并管理数据的交换。

**6. 表示层(Presentation Layer)**

表示层处理不同语法表示的数据格式转换、数据加密与解密、数据压缩与恢复等。

**7. 应用层(Application Layer)**

应用层是开放系统与用户应用进程的接口,为 OSI 用户提供管理和分配网络资源的服务,如文件传送和电子邮件等。

## 三、物理层

物理层是 OSI 参考模型中的最底层。它的功能包括三个方面:完成物理链路连接的建立、维持与释放;传输物理服务数据单元;进行物理层管理。但是,物理层并不是指连接计算机具体的传输介质。网络中使用的传输介质是多种多样的,物理层正是要使数据链路层在任何物理传输介质上都可以透明地传输各种数据的比特流,而完全感觉不到这些介质的差异。

讨论物理层协议时,常使用 DTE/DCE 模型,如图 1—3 所示。

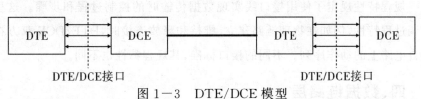

图 1—3　DTE/DCE 模型

图中 DTE(Data Terminal Equipment)表示数据终端设备,它是指信源或信宿设备,如主机、终端和各种 I/O 设备等。DTE 虽然有一定的通信处理能力,但通常在连接到传输网络时,还要使用一个数据电路端接设备(Data Circuit-terminating Equipment,DCE),常见的 DCE 设备有调制解调器、多路复用器等。调制解调器进行数字信号和模拟信号之间的转换;多路复用器进行并行数据和串行数据之间的转换。由此可见,DCE 在 DTE 和传输网络之间提供信号变换和编码的功能,它是用户设备接入网络的连接点。

物理层协议既是 DTE 和 DCE 之间的接口又是传输比特的规则,因此也常称为物理层接口标准。物理层协议规定了 DTE/DCE 接目标准的四个特性,即机械特性、电气特性、功能特性和规程特性。

（一）机械特性

机械特性规定接口所用接线器的形状、几何尺寸、引线数目和排列方式等。与日常生活中的电源插座类似,大小尺寸上必须有标准。例如,常用的 EIARS-232C 接线器有 25 个插脚。

（二）电气特性

电气特性规定了与 DTE 和 DCE 之间多条信号线的连接方式相关的电气参数。主要内容包括信号"1"或"0"的电平范围、驱动器的输出阻抗、接收负载的输入阻抗、传输速率和传输距离的限制等。常见的电气特性技术标准是 CCITT 建议 V.10、V.11 和 V.28。EIA 232-D 在电气性能方面与 V.28 一致。

（三）功能特性

功能特性对接口连线的功能给出确切的定义。它指明某条连线上的某种电平所表示的含义,按功能可将接口信号线分为数据信号线、控制信号线、定时信号线、接地线和次信道信号线五种,与功能特性有关的国际标准主要有 CCITT 的 V.24 和 X.21 建议。

（四）规程特性

规程特性规定了使用接口线实现数据传输时的控制过程和步骤。这里强调过程特性,例如在物理链路建立、维持和释放连接时,DTE/DCE 双方在各自电路上的动作序列。不同的接口标准,其规程特性也不同。

## 四、数据链路层

### （一）点—点通信和数据链路

点—点通信是在相邻节点之间通过一条直达信道进行的通信。点—点通信中定义链路为一条中间没有任何交换节点的点到点的物理线段,两节点之间的通路往往由许多链路串接而组成,链路又称为"物理链路"。物理链路往往是不可靠的,由于种种原因会使数据传输出现错误,常在物理链路的基础上使用必要的控制规程(传输协议),从而构成"数据链路"。于是,物理链路上传送的比特流在数据链路上变成了有一定格式的数据帧。

采用复用技术对一条物理链路进行分割时,一条链路上可以产生多条数据链路,数据链路也称逻辑链路。

### （二）数据链路层的基本功能

在计算机网络中,各种干扰是不可避免的,物理链路不可能绝对可靠,由于数据链路层介于物理层和网络层之间,它必须能够在物理层提供物理连接的基础上,向网络层提供可靠的数据传输。也就是说,在不太可靠的物理链路上向网络层提供一条透明的数据链路,因此,数据链路层具体来说有以下主要功能。

1. 链路管理

在发送端和接收端之间,即在链路两端建立、维持和释放数据链路。

2. 帧的装配

数据链路层协议中传输的数据单元是帧,在发送端,帧是由网络层传下来的分组,加上数据链路层协议的协议控制信息装配而成。在接收端,剥去协议控制信息后,将分组再上交给网络层。

3. 同步

帧同步是为了接收端能够从收到的比特流中准确地识别出一个帧的开始和结束。实现帧同步的方法有四种:字节计数法、字符填充法、比特填充法和违法编码法。

4. 寻址

在点—点式链路中不存在寻址问题,但在多点式链路中,接收端要知道哪个节点发来的数据,就必须知道发送端的地址。

5. 差错控制

数据链路层的差错控制是保证相邻节点之间数据传输的正确性,通常采用检错重传方法,即接收端检查接收到的数据帧是否出错,一旦出错则让发送端重发这一帧。

6. 流量控制

数据链路层的流量控制是相邻节点之间的流量控制。通过对发送端发送数据速率的控制,使接收端来得及接收,以防止接收端由于端缓存能力不足而造成的数据丢失。因此,流量控制的实质是对发送端的数据流量调控,以实现收发双方速度匹配。流量控制的实现方法是利用反馈机制,常使用的协议有停止等待协议、连续 ARQ 协议和选择重传 ARQ 协议。

值得注意的是,不仅数据链路层需要解决流量控制问题,在网络层、运输层中也需要解决流量控制问题。解决问题的基本思路是相似的,即由接收端来控制发送端的数据流量,只不过控制的对象不同而已。

## 五、网络层

### (一)端—端通信

数据链路层只能解决点—点通信,即在两个节点之间的通信。通常两个端点(主机)之间要通过若干个中间节点,其间信道由一系列点—点链路串接而成,由此将端—端通信定义为两个端节点通过多段数据链路连接构成通路的通信。

### (二)网络层的基本功能

网络层处于数据链路层和运输层之间,是通信子网的最高层。它在数据链路层提供的数据链路服务的基础上向运输层提供端—端通路的透明的数据传输服务,即对运输层屏蔽通信子网的技术、数量、类型等差异。为此,网络层应具备的主要功能可分为以下方面。

1. 网络连接

网络层为两个端点在一个通信子网内建立网络连接,实现端—端通路的连接、维持和拆除。

### 2.路由选择

通信子网中两个端点之间可能存在多条端—端通路。网络层必须要能确定一条最佳的端—端通路,具体做法是根据通信子网的当前状态,按照一定的算法,确定通路沿途将经过的各个节点,即路由选择。

### 3.网络流量控制

通过对网络数据流量的控制和管理,达到提高通信子网传输效率、避免拥塞和死锁的目的。

### 4.数据传输控制

网络层的传输数据单元是分组。网络层对数据的传输控制包括报文分组、分组顺序控制、差错控制和流量控制等。

### 5.跨网的网络连接跨越多个通信子网

如果一对运输层实体是在不同子网上的端用户,则网络连接涉及通过网络互联进行跨网端—端通路的建立、维持和拆除。这种跨网的网络连接跨越多个通信子网,如果一对运输层实体是一个子网上的端用户,则网络连接只涉及在一个子网范围内。

### (三)网络层服务

网络层可以向运输层提供面向连接的网络服务和面向无连接的网络服务,以保证不同的服务质量。

### 1.面向连接的网络服务

网络层提供的面向连接的网络服务,具体来说,就是虚电路服务。虚电路即在两个端节点之间建立一条逻辑通路,一个报文的所有分组将沿这条虚电路按顺序传输到接收端。但是这条虚电路并不为收发两端所专用,因此称之为"虚"电路,虚电路服务是网络层向运输层提供的一种可靠的数据传输服务。

### 2.面向无连接的网络服务

网络层提供的面向无连接的网络服务,具体来说,就是数据报服务。数据传输时不须建立连接,每个分组作为一个数据报,都携带完整的发送端和接收端地址,在通信子网中独立地传送,即各分组独立地进行路由选择,而且各自所走的路径可能会不同。数据报服务可能会出现顺序混乱,甚至分组丢失的问题。所以,数据报服务是网络层向运输层提供的一种不可靠的数据传输服务。

## 六、运输层

### (一)运输层的作用

在 OSI 参考模型中,常常把 1~3 层称为低层,主要完成通信子网的功能,是面向数据通信的;5~7 层称为高层,由主机中的进程完成应用程序的功能,是面向数据处理的。而第 4 层运输层正位于低高层之间,起着承上启下的作用。

通信子网中没有运输层。运输层协议存在于端主机中,能弥补和加强通信子网所提供的服务。由此可知,如果通信子网提供的服务越多、质量越高,则运输层可设计得越简单;反之,则运输层必须设计得比较复杂,以保证为上层应用程序提供可靠的数据传输服务。例如,如果通信子网的网络层提供的是可靠的面向连接的虚电路服务,则运输层可以简单一些;如果网络层提供的是不可靠的面向无连接的数据报服务,则应采用较为复杂的运输层协议。下面介绍运输层的一些主要功能。

1. 运输层连接管理

运输层向高层协议提供面向连接和无连接两种服务。对于面向连接的运输服务,运输层向高层协议提供一条可靠的端—端连接,这里强调的是进程—进程的连接。运输层连接分为连接建立、数据传输和释放连接三个阶段。

2. 屏蔽通信子网的差异

网络层可以提供虚电路服务和数据报服务,其服务质量如可靠性等性能均有很大差异,但从高层协议来看,应该得到统一的通信服务,运输层正是屏蔽了提供不同服务质量的通信子网的差异,向上提供标准的完善的服务。

3. 进程寻址

通信子网中的寻址仅能提供从源主机到目的主机之间的通信寻址,没有程序或进程的概念,因而无法满足多任务多系统的需要。为了解决当通信子网把数据传输到目的主机时,由哪个进程来接收和处理的问题,运输层必须解决进程寻址。

4.复用

运输层能提供向上复用和向下复用。向上复用是把多个运输连接复用到一条网络层连接上,即多个进程复用一条网络层连接,以降低使用费用;向下复用则是一个运输连接使用多个网络层连接(分流),以提高数据传输率。

5.可靠性传输

运输层通过差错控制、序列控制、丢失和重复控制来实现数据的可靠性传输。

(二)运输协议的分类

运输层协议是建立在网络层服务之上的,网络层服务的质量和运输层协议的复杂程度密切相关。网络层按服务质量的不同,可分为 A、B、C 三种类型。

A 型:网络能够提供完善可靠的服务,很少出现差错。

B 型:网络能够提供比较可靠的服务,当出现严重差错时,需要运输层协议来处理。

C 型:网络提供不可靠的服务,当出现差错时,需要运输层协议来处理。

针对三种不同服务质量的网络层服务,运输层被划分为五种,运输层协议类型与网络层服务的对应关系如表 1-1 所示。

TCP/IP 协议中,运输层提供的面向无连接的 UDP 相应于 TPO,面向连接的 TCP 相应于 $TP_4$。

表 1-1 运输层协议类型与网络层服务的对应关系

| 运输层协议类型 | 网络层服务类型 | 协议名称 |
| --- | --- | --- |
| $0(TP_0)$ | A | 简单类 |
| $1(TP_1)$ | B | 基本错误恢复类 |
| $2(TP_2)$ | A | 多路复用类 |
| $3(TP_3)$ | B | 错误恢复和多路复用 |
| $4(TP_4)$ | C | 错误检测和恢复类 |

# 七、高层协议

## (一)会话层

会话层实体在进行会话时,不再考虑通信问题。会话层主要是对会话用户之间的对话和活动进行协调管理。会话层服务主要具有以下三个功能。

### 1.会话连接管理

会话(Sessions)是指在两个会话用户(表示实体)之间建立的一个会话连接。一个会话持续时间表示实体请求建立会话连接到会话释放的整个时间,会话连接将映射到运输连接上,通过运输连接来实现会话,会话连接与运输连接的关系可以是一对一的、多对一的和一对多的。

第一,会话连接管理包括会话连接的建立、维持和释放;第二会话连接建立阶段可对服务质量和对话模式进行协商选择;第三,会话连接维持阶段可进行数据和控制信息的交换;第四,会话连接释放阶段可"有序释放"会话连接,从而不会产生数据丢失。

### 2.会话活动服务

一个会话连接可能持续很长一段时间,会话层将一个会话连接分成几个会话活动,每一个会话活动代表一次独立的数据传送,即一个逻辑工作段。一个会话活动又由若干对话单元组成,每个对话单元用主同步点表示开始,又用另一个主同步点表示结束,如图1-4所示。

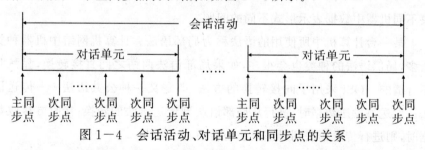

图1-4 会话活动、对话单元和同步点的关系

一个会话活动中,若出现运输连接故障,可在出现故障的前一个同步点进行重复,而不需要将会话中已正确传输的数据全部重新传输一遍。

会话同步服务允许会话用户在传送的数据中自由设置同步点。同步点有主同步点与次同步点之分,都用序号来识别。

### 3. 会话交互管理

会话层内存在多个用户交互,为了保证交互有序进行,会话层使用权标进行统一管理,拥有权标的用户才能调用相关的会话服务。会话层共设置了以下四种权标:①数据权标。在单工或半双工情况下,持有数据权标的用户拥有发送数据权。全双工工作方式下,不用数据权标;②释放权标。持有释放权标的用户拥有释放会话连接的权力;③次同步权标。持有该权标的用户,可以设置次同步点;④主同步权标。持有该权标的用户,可以设置主同步点。

## (二)表示层

在计算机网络中,数据具有确定的语义和语法。语义是指数据的内容含义,语法是指数据的表示形式,各种计算机有自己的数据表示形式,包括数据结构、数据编码方法等,表示层的作用就是解决语法,即和数据表示形式相关的问题,使得语法和具体机器无关,以保证不同类型计算机之间的通信。

下面介绍表示层的主要功能。

### 1. 表示连接管理

对表示连接的建立和释放进行管理。在建立表示连接时,可选择相关的连接特性,在释放表示连接时,可使用正常或异常的表示连接释放,发生异常释放时,可能丢失数据。

### 2. 语法转换

为了保证不同类型计算机之间的通信,表示层需要通过语法转换来解决不同机器中数据表示形式不同的问题。

某一台计算机中所使用的语法称为局部语法。计算机网络中机器种类繁多,局部语法的种类也会很多,如果局部语法两两之间直接转换,显然是不合适的。OSI采用了间接转换的方法,即定义一种公共语法——传送语法。发送方发送数据时,进行从局部语法到传送语法的转换;接收方接收数据时,则进行传送语法到局部语法的转换。

### 3. 数据加密和解密

由于网络资源共享和数据远距离传输的特征,网络的安全和保密就显得格外重要。数据加密是保证网络安全的一项重要措施,目前,网络中加密和解密的算法有两大类:常规密钥算法和公开密钥算法。

### （三）应用层

#### 1.应用层的结构

不同系统的应用进程之间相互进行数据交换时,总是有一部分工作与OSI 环境有关,而另一部分则和 OSI 环境无关。在 OSI 参考模型中,把应用进程中与 OSI 有关的那部分称为应用实体(Application Entity,AE),并放入应用层内;而把与 OSI 无关的部分称为应用进程,放在应用层之外。OSI参考模型中讨论的应用层就是应用实体 AE 的内部逻辑结构。

通常,一个应用实体的内部逻辑结构包括一个用户元素(User Element,UE)和若干个应用服务元素(Application Service Element,ASE)。

#### 2.应用服务元素

应用层协议中包括许多应用服务元素,OSI 仅将一些应用进程经常使用的功能加以标准化。目前 OSI 的应用服务元素分为公共应用服务元素(Common Application Service Elements,CASE)和特定服务元素(Specific Application Service Elements,SASE)两类。

（1）公共应用服务元素

公共应用服务元素是各类应用实体中都包含的公用的应用服务元素,是应用层的基本功能,主要有四种:①联系控制服务元素(Association Control Service Element,ACSE),完成在应用实体中建立、维持和释放应用联系;②可靠传送服务元素(Reliable Transfer Service Element,RTS),负责保证端系统之间数据传输的可靠性和故障恢复;③远程操作服务元素(Remote Operation Service Element,ROSE),负责本地应用实体和远程应用实体之间的远地操作和参数传送;④托付、并发和恢复(Commitment,Concurrency and Recovery,CCR),在分布式环境中,负责多个应用进程之间协同操作。

（2）特定服务元素

特定服务元素是特定应用实体中包含的满足特殊需求的应用服务元素,主要有四个方面:①文件传送、访问和管理(File Transfer,Access and Management,FTAM)。文件处理是计算机网络的一种最基本的服务,包括文件传送、访问和管理。文件传送是指计算机之间的文件传送;文件访问是指对文件内容的检查、修改、替换和清除;文件管理是指创建或撤销文件等;②虚拟终端协议(Virtual Terminal Protocol,VTP)。虚拟终端协议是一种常用的协议,虚拟终端是一个标准化的终端模型,不同的实际终端可通过这个模型实现互联。具体的做法是一个终端将输出转换成虚拟终端格式经网络送到主机,主机将该格式再转换成自己的格式,此时主机好像是从自己的终端上接收输入一样,常用于将本地终端连接到与其类型不同的远程主机上;③报文处理系统(Message Handling System,MHS)。报文处理系统是实现电子邮件功能的基础,在应用层采用存储转发方式,可用来发送任何报文,如数据和文件的复制。报文处理系统包括用户代理(User Agent,UA)、报文传送代理(Message Transfer Agent,MTA)、报文存储器(Message Store,MS)和接入单元(Access Unit,AU)几个主要部分;④目录服务。目录服务可以实现网络对象的名字与网络对象实际物理地址的转换服务,为人们使用网络和管理网络提供了极大的方便。

# 第三节　计算机网络的主要性能指标

计算机的性能由体系结构、指令系统、硬件系统及软件配置等多种因素所决定,一般来说,可以从运算速度、字长和存储容量这三个指标来大体评价计算机的性能。

## 一、运算速度

运算速度是指计算机每秒能执行的指令数,单位有每秒百万条指令(MIPS),每秒百万条浮点指令(MFLOPS),运算速度是衡量计算机性能的一项重要指标,同一台计算机,执行不同的运算所需时间可能不同,因而对运算速度的描述常采用不同的方法。常用的有 CPU 时钟频率(主频)、每秒平均执行指令数(IPS)等。也可以采用主频来描述运算速度,例如,Pentium/133 的主频为 133 MHz,Pentium 4 1.6G 的主频为 1.6 GHz。一般说来,主频越高,运算速度越快。

## 二、字长

字长是指 CPU 一次最多可同时传送和处理的二进制位数,字长直接影响到计算机的功能、用途和应用范围。如 Pentium 是 64 位字长的微处理器,即数据位数是 64 位,字长越大,计算机处理数据的速度越快。

### 三、存储容量

存储容量指内存和外存存储信息量的大小。内存的存取速度比外存快,但其价格也高,内存容量越大,系统功能就越强大,能处理的数据量越大。外存是可将程序和数据永久保存的存储介质,如硬盘。迄今为止,所有的计算机系统都是基于冯·诺依曼存储程序的原理,内存和外存容量越大,所能运行的软件功能就越丰富。

# 第四节　计算机网络发展趋势

计算机网络的发展是非常快的,全新技术和全新应用在世界的每一个角落的出现,使得计算机网络技术朝着一个速度超快、体型超小、处理超快、智能超好的方向发展。

### 一、移动性更强

自从进入计算机网络时代的这几年,人们的日常生活中出现了一种叫作无线电话的东西,而且拥有一个极好的发展速度,而无线电话技术的发展也影响到了计算机网络的发展,完全可以在人们移动的过程中便捷地使用计算机网络,同时也推动了人们对移动网络的需求。处于一个移动网络的需求条件下,中国各大手机网络运营商也犹如雨后春笋,最著名的就是中国移动 WLAN 了。中国移动 WLAN 完全可以把人类带入一个计算机网络的新阶段,这也是计算机网络的一个里程碑。

### 二、计算机网络的智能化

新时代的计算机网络就是一个非常智能的工具,因为计算机网络足以可以把信息采集存储处理、通信和人工智能集为一体来为世界和人类所服务。而且计算机网络不但可以对一些平常的信息进行处理,同时还可以面向一些知识进行处理,所以完全可以断言,计算机网络拥有着一项形式化推理、联想、学习和解释的超能力。因此,计算机网络在某一阶段也是可以促使世界和人类去大胆开辟新世界从而学习到全新的知识。

# 第二章　数据通信基础知识

## 第一节　数据通信基础理论

### 一、信息、数据与信号

通信的目的在于传递信息,因此对信息这个术语含义的理解是至关重要的。信息一词在概念上与消息的意义相似,但它的含义更普遍化和抽象化。信息可以理解为消息中包含的有意义的内容。信息的载体可以是数字、文字、语音、图形和图像等,不同形式的消息,可以包含相同的信息。例如,分别用语音和文字发送的天气预报,所含信息内容相同。

数据是传递信息的实体,它总是和一定的形式相联系,而信息则是该数据反映的内容或解释。数据的形式分为两种:模拟数据和数字数据。模拟数据反映的是随时间连续变化的消息,如语音和动态图像等;数字数据反映的是只有有限个取值的离散的消息,如电报发出的数据。

信号是数据的电编码或电磁编码。它分为模拟信号和数字信号两种。模拟信号是指在时间和幅值上均连续的信号,语音信号、图像信号等都属于模拟信号。数字信号是指在时间和幅值上均离散的信号,计算机处理和发出的取值仅为"0"和"1"的信号就属于数字信号。

### 二、信道的最大数据传输速率

信道是通信中传递信息的通道,它由相应的发送信息和接收信息的设备以及与这些设备连接在一起的传输介质组成,如果有多个信源以及多个接收端经过传输介质连接在一起进行通信,则该信道为共享信道,否则称其为独占信道。

对于特定的物理信道来说,它可以传输的信号是有一定的频率范围的,通常情况下,在从 0 到 $f_c$ 的这段频率内,振幅在传输过程中不会衰减,这里 $f_c$ 用赫兹(Hz)来度量,而在此截止频率 $f_c$ 之上的频率所对应的振幅都会有不同程度的减弱,传输过程中振幅不会明显减弱的这一段频率范围称为传输介质的带宽。在实践中,截止频率并不会那么明显,所以,通常引用的带宽是指从 0 到某一个能保留一半能量的频率处。

信道的最大数据传输速率是指信道每秒钟最多可以传送的信息量。在现代网络技术的说法中"带宽"与"速率"几乎成了同义词,带宽与信道的数据传输速率的关系可以用奈奎斯特准则与香农定理来解释。

早在 1924 年,AT&T 的工程师奈奎斯特就认识到,即使一条理想的信道,它的传输能力也是有限的。他推导出一个公式,用来表示一个有限带宽、无噪声信道的最大数据传输速率。1948 年,香农进一步把奈奎斯特的工作扩展到具有随机噪声的信道的情形。奈奎斯特的经典结论是:如果任意一个信号已经通过了一个带宽为 H 的低通滤波器,则只要每秒 2H 次采样,过滤之后的信号就可以被完全重构出来。如果该信号包含了 V 个离散级数,则奈奎斯特定理为:

$$最大数据传输率 = 2Hlog_2V(b/s)$$

例如,无噪声的 3 kHz 信道不可能以超过 6000 b/s 的速率传输二进制信号(两级电平)。

奈奎斯特准则指出了在有限带宽、无噪声的信道中传输信号的最大数据传输速率与带宽的关系,但如果信道中存在随机噪声的话,情况会急剧恶化。由于系统中分子的运动,随机噪声总是存在的。热噪声的数量可以用信号功率与噪声功率的比值来衡量,该比值称为信噪比。如果我们将信号功率记作 S,噪声功率记作 N,则信噪比为 S/N。

香农定理指出了在有限带宽、有随机热噪声的信道中传输数据信号时,信号可以达到的最大数据传输速率 $R_{max}$ 与信道带宽 H 和信噪比 S/N 之间的关系,用计算式表示为:

$$R_{max} = Hlog_2(1+S/N)(b/s)$$

由于信噪比的数值比较大,实践中经常使用信噪比的分贝(dB)定义,分贝与功率比值之间的关系是这样定义的：

$$dB=10lg(S/N)$$

例如,如果某信道带宽为 3000 Hz,信噪比为 30 dB,那么该信道的最大数据传输速率 $R_{max} \approx 30$ b/s。

因为信道的最大传输速率与信道带宽之间存在着明确的关系,所以我们可以用"带宽"来表征"速率"的概念。例如,人们常把网络的"高数据传输速率"用网络的"高带宽"去表述。因此,在现代通信网络中,"带宽"与"速率"的概念一般可以通用。

## 三、数据通信方式

### (一)单工、半双工与全双工通信

终端设备、信号变换器和传输线路可以按设计要求允许数据沿双向或任一单向传输。在单工通信方式中,数据在任何时刻只能沿着一个方向传输,即收发双方的通信线路是单向的,例如广播就是采用这种通信方式。

在半双工通信方式中,数据可以沿任一方向传输,但不允许同时沿两个方向传输,即在任一给定时间,传输仅能沿某一方向进行,例如无线对讲机就是采用这种通信方式,只有当一方讲完按结束键后,另一方才能讲话。

在全双工通信方式中,数据则可以同时沿两个方向传输,人们平时使用的固定电话和手机就是采用这种通信方式,即通信双方能同时讲话,可以讨论和争辩。

### (二)串行通信与并行通信

数据通信按照使用的信道数可以分为串行通信与并行通信。假如我们要传送的消息是一个字符,在计算机中一个字符通常用 8 位二进制代码来表示,则在串行通信方式中待传送的 8 位二进制代码是按由低位到高位依次传送的,而在并行通信方式中待传送的 8 位二进制代码是同时通过 8 条并行的通信信道发送出去的。

显然,串行通信方式只需要在收发双方之间建立一条通信信道;而采用并行通信方式,收发双方之间必须建立并行的多条通信信道。对于远程通信来说,在同样传输速率的情况下,并行通信在单位时间内所传送的码元数是串行通信的 8 倍。但并行通信需要建立多个通信信道,因此这种方式的造价较高。正因为如此,在远程通信中,人们一般采用串行通信方式,而在计算机内部各部件之间的数据传输则采用高效的并行传输。

## 四、数据传输的同步问题

同步问题是数字通信中必须解决的一个重要问题。同步,就是要求通信的收发双方在时间基准上保持一致。

利用计算机进行通信的过程与人们使用电话进行通话的过程有很多相似之处。在正常的通话过程中,人们在拨通电话并确定对方是其要找的人后,双方就可以进入通话状态。在通话时,说话的人要讲清楚每一个字,在每讲完一句话时都需要停顿一下。听话的人也要适应讲话人的速度,听清楚对方讲的每一个字,并根据讲话人的语气和停顿来判断一句话的开始和结束,这样才可能听懂对方所说的每一句话,这就是电话通信过程中需要解决的"同步"问题。如果在数据通信中收发双方不能保持严格的同步,轻者会造成通信质量下降,严重时会造成系统完全不能工作。

因此,在数据通信过程中,收发双方同样要解决同步问题,但是数据通信中的同步问题的解决要复杂一些。数据通信的同步包括位同步和字符同步两种。

### (一)位同步

数据通信如果是在两台计算机之间进行的,那么尽管两台计算机的时钟频率标称值相同(假如都是 330 MHz),实际上不同计算机的时钟频率肯定存在着差异。这种时钟频率的差异将导致不同计算机发送和接收的时钟周期的误差,尽管这种差异是微小的,但是大量数据在传输过程中积累的误差足以造成接收比特取样周期的错误和传输数据的错误。因此,在数据通信过程中,首先要解决收发双方的时钟频率的一致性问题。解决的基本方法就是要求接收端根据发送端发送数据的时钟频率与比特流的起始时刻校正自己的时钟频率与接收数据的起始时刻,这个过程就叫作位同步。实现位同步的方法主要有以下两种。

### 1. 外同步法

外同步法是在发送端发送一路数据信号的同时,另外发送一路同步时钟信号。接收端根据接收到的同步时钟信号来校正时间基准与时钟频率，实现收发双方的位同步。

### 2.内同步法

内同步法是从自含时钟编码的发送数据中提取同步时钟的方法。曼彻斯特编码与差分曼彻斯特编码都是自含时钟的编码方法。

## (二)字符同步

在解决比特同步问题之后，第二步要解决的是字符同步问题。标准的ASCII字符是由8位二进制"0""1"组成。发送端以8位为一个字符单元来发送，接收端也以8位字符单元来接收。保证收发双方正确传输字符的过程就叫作字符同步。

实现字符同步的方法主要有以下两种。

### 1.同步传输

同步传输是将字符组织成组，以组为单位连续传送。每组字符之前加上一个或多个用于同步控制的同步字符，每个数据字符内不加附加位。接收端接收到同步字符后，根据同步字符来确定数据字符的起始与终止，以实现同步传输的功能。

### 2.异步传输

异步传输的特点是每个字符作为一个独立的整体进行发送，字符之间的时间间隔可以是任意的。为了实现字符同步，每个字符的第一位前加1位起始位，字符的最后一位后加1位、1.5位或2位终止位。

同步传输的传输效率要比异步传输的传输效率高，因此同步通信方式更适用于高速数据传输。

# 第二节　信道特性

信道是传输信号的通道，是通信系统的三要素之一，是通信系统的重要组成部分，任何信号离开信道都不能进行传输。信道包括传输介质和通信设备，传输介质可以是有形介质，如同轴电缆及光缆等，也可以是无形介质，如传输电磁波的空间。通信设备有发送设备、接收设备、调制器、解调器等。

# 一、信道的分类

## （一）有线信道与无线信道

信道按所使用的传输介质可以分为有线信道与无线信道两类。

### 1.有线信道

使用有形的介质作为传输介质的信道称为有线信道，包括双绞线、同轴电缆和光缆等。

### 2.无线信道

以电磁波在空间传播的方式传送信息的信道称为无线信道，包括无线电、微波、红外线和卫星通信信道。

## （二）模拟信道与数字信道

按传输信号的类型分类，信道可以分为模拟信道与数字信道两类。

### 1.模拟信道

能传输模拟信号的信道称为模拟信道。模拟信号的电平随时间连续变化，语音信号是典型的模拟信号，如果利用模拟信道传送数字信号，则必须经过数字与模拟信号之间的变换。

### 2.数字信道

能传输离散数字信号的信道称为数字信道。离散的数字信号在计算机中是指由"0"和"1"组成的二进制代码序列，当利用数字信道传输数字信号时不需要进行变换，而通常需要进行数字编码。

## （三）专用信道和公用信道

信道按使用方式可以分为专用信道和公用信道两类。

### 1.专用信道

专用信道又称为专线，是一种连接用户之间设备的固定线路，它可以是自行架设的专门线路，也可以是向电信部门租用的专线，专用信道一般用在距离较短或数据传输量较大的场合。

### 2.公用信道

公用信道是一种通过公共交换机转接，为大量用户提供服务的信道，公共电话交换网就属于公共交换信道。

## 二、信道带宽和信道容量

信道带宽和信道容量是描述信道的主要指标,由信道的物理特性所决定。

### (一)信道带宽

信道带宽是指信道所能传送的信号的最高频率与最低频率之差,是信道中传输的信号在不失真的情况下所占用的频率范围,单位为赫兹(Hz),它由传输介质、接口部件、传输协议等因素决定。带宽一定程度上体现了信道的传输性能,是衡量传输系统的重要指标。信道容量、传输速率、抗扰性能等指标均与带宽有密切的关系。例如,电话线的波段宽度是 3 000 Hz,它是可以传送的最高频率 3 300 Hz 与最低频率 300 Hz 的差。在通信中,带宽越大,数据就传送得越快。

### (二)信道容量

信道容量是指单位时间内信道所能传输的最大信息量,是衡量一个信道传输数字信号的重要参数。在通信领域中,信道容量常指信道在单位时间内可传输的最大码元数(码元是承载信息的基本信号单位,一个表示数据有效值状态的脉冲信号就是一个码元,其单位为波特,信道容量的单位以码元速率(或波特率)来表示。由于数据通信主要是计算机与计算机之间的数字数据传输,而这些数据最终又以二进制的形式表示,因此,信道容量有时也表示为单位时间内最多可传输的二进制数的位数(也叫信道的数据传输速率),以"位/秒(b/s)"的形式表示,当传输速率超过信道的最大信号速率时就会产生失真。

一般情况下,信道容量和信道带宽具有正比的关系,信道带宽越宽,一定时间内信道上传输的信息量就越多,则信道容量就越大,传输效率也越高。所以要提高信号的传输率,信道就要有足够的带宽。在实际应用中,信道容量应大于传输速率,这样传输速率才能得到充分的发挥。从理论上看,增加信道带宽是可以增加信道容量的,但实际上,信道带宽的无限增加并不能使信道容量无限增加,其原因是,在一些实际情况下,信道中存在噪声(干扰),制约了带宽的增加。

## 三、信道时延

信号在信道中传播,从信源端到达信宿端需要一定的时间,这个时间与两端的距离有关,也与具体信道中的信号传播速率有关。时延(Delay)是指一个报文或分组从一个网络(或一条链路)的一端传送到另一端所需的时间。

时延主要由发送时延、传播时延、处理时延组成。

### (一)发送时延

发送时延是指节点在发送数据时使数据块从节点进入传输媒体所需要的时间,也就是从数据块的第一比特开始发送算起,到最后一比特发送完毕所需要的时间。有人也把发送时延称为传输时延,其计算公式如下:

$$发送时延=数据块长度/信道容量$$

### (二)传播时延

传播时延是指从发送端发送数据开始,到接收端收到数据(或者从接收端发送确认帧,到发送端收到确认帧)总共经历的时间,即电磁波在信道中传输一定距离需要花费的时间。传播时延的计算公式如下:

$$传播时延=物理链路的长度/介质的信号传播速率$$

电磁波在真空中的传播速率为 $3.0 \times 10^5 \, km/s$,在网络传播媒介中的传播速率比在真空中要略低一些:在铜线电缆中的传播速率约为 $2.3 \times 10^5 \, km/s$,在光缆中的传播速率约为 $2.0 \times 10^5 \, km/s$。因此,1 000 km 长的光缆线路产生的传播时延大约为 5 ms。

从以上讨论可以看出,信号传输速率(即信道容量)和电磁波在信道中的传输速率是两个完全不同的概念,因此不能将发送时延和传播时延弄混。

### (三)处理时延

处理时延是指计算机处理数据所需的时间,与计算机 CPU 的性能有关,这是数据为在交换点位存储转发而进行一些必要的处理而花费的时间。在节点缓存队列中分组排队所经历的时延是处理时延中的主要组成部分。因此,处理时延的长短往往取决于网络中当时的通信量。当网络的通信量很大时,还会发生队列溢出,使分组丢失,这相当于处理时延为无穷大,有时可用排队时延作为处理时延。

这样,数据经历的总时延就是以上三种时延之和:

$$总时延＝发送时延＋传播时延＋处理时延$$

在这里需要注意的是,在总时延中,究竟哪种时延占主导地位,必须具体分析。

### 四、误码率

误码率是衡量数据通信系统在正常情况下传输可靠性的指标,它定义为二进制码元在数据传输中被传错的概率,因此,也称为"出错率"。其计算公式如下:

误码率＝传输的二进制数据中出错的位数/传输的二进制数据总数

在计算机通信网络中,误码率一般要求低于 $10^{-6}$,即平均每传送 1 兆位才允许错 1 位。在误码率低于一定的数值时,可以用差错控制的办法进行检查和纠正。

对于一个数据传输系统,不能笼统地要求误码率越低越好,要根据实际传输要求提出误码率指标;在数据传输速率确定后,误码率越低,数据传输系统设备越复杂,造价越高。在实际的数据传输中,电话线路的数据传输速率在 300~2 400 b/s 时,平均误码率为 $10^{-6}$~$10^{-2}$;数据传输速率在 4 800 ~9 600 b/s 时,平均误码率为 $10^{-4}$~$10^{-2}$。

# 第三节　数据的编码和调制技术

所谓数据的编码就是将数据转换成信号或将一种数据形式转换为另一种数据形式的过程;解码就是将信号还原成数据或将数据形式还原的过程,而调制和解调是最常用的一种编码与解码方法。

在计算机中,数据是以离散的二进制"0""1"比特序列方式来表示的。计算机数据在传输过程中的数据编码类型主要取决于它采用的通信信道所支持的数据通信类型。网络中的通信信道分为模拟信道和数字信道,而依赖于信道传输的数据也分为模拟数据与数字数据。因此,数据的编码方法包括数字数据的编码与调制和模拟数据的编码与调制。

# 一、数字数据编码

根据数据通信类型,网络中常用的通信信道分为两类:即模拟信道与数字信道。相应的用于数据通信的数据编码方式也分为两类:模拟数据编码与数字数据编码。在数据通信技术中,基带传输是指基带信号不经频率转换(调制)直接在通信信道上传输。频带传输(宽带传输)是指将基带信号进行调制后再传输。

频带传输的优点是可以利用目前覆盖面最广、普遍应用的模拟语音通信信道。由于信号可以被调制到不同的频率范围,故多个信号可以同时在一个信道中传输,但其缺点是数据传输速率与系统速率较低。基带传输在基本不改变数字数据信号频带(波形)的情况下直接传输数字信号,可以达到很高的数据传输速率和系统效率,缺点是基带系统一次仅能传输一个信号。基带系统造价低,而且安装简单,大多数局域网都采用基带传输,是目前迅速发展与广泛应用的数据通信方式。

在基带传输中,数字数据的编码方法一般有以下几种。

## (一)非归零编码

非归零编码的特征是采用双极性的不同电平表示二进制值"0"和"1",用正电压代表"1",负电压代表"0"。当然,也可以采用负逻辑双极性表示,如美国电气协会规定用正电平＋15V 表示"0"、负电平－15V 表示"1"的"RS－232"编码。计算机串行通信端口与调制解调器之间的数据传输就是采用非归零编码的基带传输。用于表示逻辑"0"的低电平信号不能是 0V 电平,否则无法区分信道上是逻辑"0",还是没有信号在传输。

非归零编码的缺点是其难以决定一位的结束和另一位的开始,为了保持收发双方的时钟同步,需要额外传输同步时钟信号。另一个缺点是当"0"或"1"的个数不等时,会有直流分量,这在数据传输中是不希望出现的。

## (二)曼彻斯特编码

在局域网中广泛应用的是曼彻斯特编码和差分曼彻斯特编码。曼彻斯特编码的规则是在每比特的中间电平跳变一次,在表示数据"0"的时间区间内,信号的前半周为高电平,后半周为低电平,电平由高到低跳变一次;在表示数据"1"的时间区间内,信号的前半周为低电平,后半周为高电平,电平从低到高跳变一次。也就是说将每比特的周期 T 分为前 T/2 与后 T/2 两部分;如果是"1"时,前 T/2 为低电平而后 T/2 为高电平;如果是"0"时正好相反。

曼彻斯特编码的优点是,每比特的中间有一次电平跳变,两次电平跳变的时间间隔可以是 T/2 或 T,利用电平跳变可以产生收发双方的同步信号。因此,曼彻斯特编码信号又称为"自含时钟编码"信号,发送曼彻斯特编码信号时无须另发同步信号。

曼彻斯特编码信号不含直流分量。曼彻斯特编码的缺点是效率较低,如果信号传输速率是 10 Mb/s,那么发送时钟信号频率应为 20 MHz,另外一位数据可能有两次跳变,对带宽的利用率只有 50%,降低了效率。

（三）差分曼彻斯特编码

差分曼彻斯特编码是对曼彻斯特编码的改进。在差分曼彻斯特编码中,每比特中间的跳变只用作时钟,并不表示数据本身,而用每比特开始处是否产生跳变来表示"0"或"1",如果某一比特开始处不跳变,就表示"1",跳变则表示"0"。也就是说,如果下一个数据是"0",则在两位中间有一次电平的跳变;如果下一个数据是"1",则在两位中间没有电平的跳变。

可见,差分曼彻斯特编码的每比特的开始处的跳变表示数据本身,中间的跳变表示时钟,而如何跳变（从高到低还是从低到高）与数据无关。

差分曼彻斯特编码的带宽利用率也是 50%,但抗干扰能力更强。

# 二、数字调制技术

典型的通信信道是电话通信信道,它是当前世界上覆盖面最广、应用最普遍的通信信道之一。传统的电话通信信道是为了传输语音信号而设计的,用于传输音频范围在 300～3400 Hz 的模拟信号,不能直接传输数字数据。为了利用模拟语音通信的电话交换网实现计算机的数字数据的传输,必须首先将数字信号转换成模拟信号,也就是要对数字数据进行调制。

发送端将数字数据信号变换成模拟数据信号的过程称为调制,调制设备就称为调制器;接收端将模拟数据信号还原成数字数据信号的过程称为解调,解调设备就称为解调器。若发送端和接收端以全双工方式进行通信时,就需要一个同时具备调制和解调功能的设备,称为调制解调器;调制前的频带信号叫作载波,调制变换后的频带信号叫作调制波。调制就是利用基带脉冲信号对载波模拟信号的某些参量进行控制,使这些参量随基带脉冲变化的过程。

模拟信号是具有一定频率的连续的载波波形,可以用 $A_{cos}(2\pi f_t + \varphi)$ 表示。其中,A 表示波形的幅度,也叫振幅;f 代表波形的频率;$\varphi$ 代表波形的相位。在模拟信号中,振幅、频率和相位均可用于对数据进行编码。例如,一个较高的频率可能代表二进制数"1",而一个较低的振幅可以代表二进制数"0"。类似的,一个较低的频率可能代表二进制数"1",而一个较高的频率可以代表二进制数"0"。因此,根据这三个不同参数的变化,就可以表示特定的数字信号"0"或"1",实现调制的过程。

对数字数据的调制的基本方法有三种:振幅调制(ASK)、频率调制(FSK)和相位调制(PSK)。

(一)振幅调制(Amplitude Shift Keying,ASK)

振幅调制又叫振幅键控,这种方式使用载波的两个不同振幅来表示二进制"0"和"1",也就是用数字的基带信号控制正弦载波信号的振幅。当传输的基带信号为"1"时,振幅调制信号的振幅保持某个电平不变,即有载波信号发射;当传输的基带信号为"0"时,振幅调制信号的振幅为零,即没有载波信号发射。振幅调制实际上相当于用一个受数字基带信号控制的开关来开启和关闭正弦载波信号。

振幅调制的抗干扰能力比较差,效率不高,典型的应用是 1200 b/s 以下的语音等级线路。

(二)频率调制(Frequency Shift Keying,FSK)

频率调制简称调频(FM),也叫频移键控。这种方式使用载波频率附近的两个不同频率分别表示二进制"0"和"1"。例如,基带脉冲为"0"时,调制波信号频率为 $\omega_2$;基带信号为"1"时,调制波信号频率为 $\omega_1$。

频率调制的电路也比较简单,且抗干扰能力强于振幅调制方式,但频带的利用率低,一般用于高于 1 200 b/s 的通信。

(三)相位调制(Phase Shift Keying,PSK)

相位调制也叫相位键控,是指幅度和频率保持不变,而载波的相位随发送的数字信号而变化的调制方法,是用数字基带信号控制正弦载波信号的相位。相位调制包括绝对调相和相对调相两种方式。

在绝对调相中,用相位的绝对值来表示数字信号"0"和"1",而与前一位数据的相位无关。

在相对调相中,每位数据的起始相位以前一位结束点的相位为基准进行变化,表示"0"的载波的起始相位相对于前一位的偏移为 0,表示"1"的载波的起始相位相对于前一位的偏移为 π。

相位调制占用频带较窄,抗干扰性能好,在中、高速系统的数据传输中应用较多。

上述均为二元调制,即用两种不同幅度、频率、相位值的载波信号来表示数字信号"0"和"1"。在实际应用中,为了提高数据传输速率,还经常采用一些其他的技术手段以实现多元调制。如将调幅和调频技术混合使用,分别用低频低幅、高频低幅、低频高幅和高频高幅四种载波信号来表示"00""01""10""11"四种数字信号,即四元调制。又如在相位调制中可以用四种(或八种)不同初始相位值的载波信号,分别表示两位(或三位)二进制数字的四种(或八种)不同组合,即形成四相调制(或八相调制)。

频带传输的优点是可以利用现有的大量模拟信道(如模拟电话交换网)通信,价格便宜,容易实现,家庭用户拨号上网就属于这一类通信。其缺点是速率低,误码率高。

## 三、脉冲编码调制

脉冲编码调制(Pulse Code Modulation,PCM)是一种对模拟信号数字化的取样技术,将模拟语音信号,特别是音频信号变换为数字信号的编码方式。PCM 对信号每秒钟取样 8 000 次;每次取样为 8 位,总共 64b/s。与模拟传输相比,数字传输失真少,误码率低,可靠性高,因此在网络中除计算机直接产生的数字外,语音、图像信息的数字化已成为发展的必然趋势。对于要求较高的模拟信号,如数字化语音设备中的语音信号传输,可将其数字化,以数字信号的形式在数字信道上传输,PCM 的缺点就是体积大。

脉冲编码调制主要经过三个过程:采样、量化和编码。

### (一)采样

模拟信号数字化的第一步是采样。模拟信号是电平连续变化的信号,按大于或等于有效信号最高频率或其带宽两倍的采样频率,将模拟信号的电平幅值取出来作为样本信号,即对模拟信号进行周期性扫描,把时间上连续的信号变成时间上离散的信号。该模拟信号经过采样后还应当包含原信号中所有信息,也就是说能无失真地恢复原模拟信号,采样速率采用 8 b/s。

(二)量化

量化是将采样所得到的样本信号幅值按量级比较、取整的过程。经过量化后的样本幅值为离散的量级值,而不是连续值。为方便编码,量化之前要规定将信号分为若干量化级,一般为 2 的整数次幂,如可分成 8 级、16 级甚至更多的量化级。所取的量化级越高,表示离散信号的精度越高。同时,要规定好每一级对应的幅值范围,然后将采样取得的样本幅值与上述量化级幅值比较、取整、定级。

(三)编码

一个模拟信号经过采样量化后,得到已量化的脉冲幅度调制信号,它仅为有限个数值。编码,就是用一组二进制码组来表示每一个有固定电平的量化值。然而,实际上量化是在编码过程中同时完成的,故编码过程也称为模-数(A-D)变换。如果有 K 个量化级,则二进制的编码位数为 $\log_2 K$。例如,如果有 16 个量化级,就需要 4 位编码。当 PCM 用于数字化语音系统时,它将声音分为 128 个量化级,每个量化级采用 7 位二进制编码表示。由于采样速率是 8 kb/s,因此,数据传输率应该达到 $7 \times 8$ kb/s$=56$ kb/s。此外,PCM 还可用于计算机中的图形、图像数字化和传输处理。

PCM 采用二进制编码的缺点是使用的二进制位数较多,编码效率较低。

# 第四节　多路复用技术

将若干路信号以某种方式汇合,放在一个信道中传输的技术称为多路复用技术。在近代通信系统中普遍采用多路复用技术以提高通信容量,常用的多路复用技术有时分多路复用、频分多路复用、波分多路复用以及混合多路复用技术,下面分别进行介绍。

## 一、时分多路复用

时分多路复用的理论依据是采样定理,频带受限于 $0 \sim f_m$ 的信号,可由间隔小于、等于瞬时的采样值唯一确定。从这些瞬时采样值可以正确恢复原始的连续信号,因此,允许只传送这些采样值,信道仅在抽样瞬间被占用,其余的空闲时间可供传送第二路、第三路等各路采样信号使用。将各路信号的采样值有序地排列起来就可实现时分复用。在接收端,这些采样值再由适当的同步检测器分离。

时分多路复用技术的特点为以下内容:①时分多路复用是将信道用于传输的时间划分为若干个时间片。②每个用户分得一个时间片。③在每个用户占有的时间片内,用户使用通信信道的全部带宽。

对于时分复用通信系统,国际上已建立起一些技术标准。这些标准规定先把一定路数的电话语音复合成一个标准数据流,称为基群。然后,再把若干组基群汇合成更高速的数字信号。我国和欧洲的基群标准就是 30 路用户和同步、控制信号组合共 32 路。一路 PCM 信号速率为 64 kb/s,基群信号速率就是 $32 \times 64$ kb/s,这是 PCM 通信系统基群的标准时钟速率。

在实际应用中,时分复用数据流的组成不只包含语音信号,也可以是语音、数据、图像等多种信源产生的数字信号码流的汇合。

## 二、频分多路复用

频分多路复用是利用传输介质的可用带宽超过给定信号所需的带宽这一性能,把每个要传输的信号用不同的载波频率调制,而且各个载波频率是完全独立的,即载波信号的带宽不会发生重叠,这样在传输介质上就可以同时传输多路信号,线路两端都需要一个多路复用器和多路合成器以便实现在同一条传输线路上进行双向通信,每一个信源和信宿都用一个共享的通信信道发送数据而不互相干扰。频分多路复用最典型的应用就是电话网中语音信号的传送,电话语音信号经过载波调制后使用频分多路技术实现多路信号使用一条通信线路进行传输。

频分多路复用的特点为以下几点内容:①在一条通信线路设计多路通信信道。②每路信道的信号以不同的载波频率进行调制。③各个载波频率是不重叠的,一条通信线路就可以同时独立地传输多路信号。

## 三、波分多路复用

波分多路复用技术主要用于全光纤网组成的通信系统,这将是计算机网络系统今后的主要信道复用技术之一。波分复用类似于频分复用,为了在同一时刻能进行多路传送,需将光信号划分为多个波段,不同的波段承载不同的用户信号,这相当于频分复用技术中的频段。但与电信号频分复用不同之处在于,波分多路复用是在光学系统中利用衍射光栅来实现多路不同频率光波信号的合成与分解。

目前,正在使用的波分复用技术可分为稀疏波分复用(CWDM)、普通波分复用(WDM)和密集波分复用(DWDM)技术三种,普通波分复用即刚开始使用的波分复用技术,它的波长间隔为 4 nm~10 nm。随着 WDM 技术的发展,波长间隔更小的复用技术 DWDM 技术出现了,以适应对更大容量的数据传输的要求。DWDM 的波长复用间隔很小,如经常用的波长间隔有 1.6、0.8、0.4、0.2 nm,可以复用 80 路或更多路的光载波信号。例如,将 8 路传输速率为 2.5 Gb/s 的光信号经过光信号调制后,分别将光信号的波长变换到 1 550 nm~1 557 nm,每个光载波的波长相隔大约 0.8 nm。那么经复用后的一根光纤上的总的数据传输速率就为 8×2.5 Gb/s,为 20 Gb/s。CWDM 的波长复用间隔约为 20 nm,它对光源和光学器件的要求不高,不必采用复杂的控制技术,因此器件的成本较低,也比较容易实现,目前正在城域网的建设中得到广泛应用。

## 四、混合多路复用

目前的通信网络里传输数据的方式主要是多种复用技术的结合,包括频分复用基础上的时分复用技术和波分复用基础上的时分复用技术。例如可以对一个物理传输媒介进行频分复用,复用出多个支持不同载波频率段的信道,然后在各个信道上再进行多路时分复用,进一步复用出多个不同的时隙,来传送不同用户的信号,这样就可以大大提高信道利用率,从而提高数据的传输速率。而如果物理传输媒介是光缆,就可以先对每根光纤进行波分复用,然后在每个波段上再采用多路时分复用技术,使信道的传输容量获得倍增。

# 第五节 数据交换

数据交换是指在数据通信时利用中间节点将通信双方连接起来。作为交换设备的中间节点仅执行交换的动作,不关心被传输的数据内容,将数据从一个端口交换到另一端口,继而传输到另一台中间节点,直至目的地。整个数据传输的过程被称为数据交换过程。

数据交换方式包括线路交换(电路交换)、报文交换和分组交换。

## 一、线路交换

线路交换又称为电路交换,它类似于电话系统,希望通信的计算机之间必须事先建立物理线路或者物理连接。

### (一)线路交换的过程

整个线路交换的过程包括建立线路、占用线路并进行数据传输、释放线路三个阶段。

#### 1.建立线路

发起方站点向某个终端站点(响应方站点)发送一个请求,该请求通过中间节点传输至终点;如果中间节点有空闲的物理线路可以使用,接收请求,分配线路,并将请求传输给下一个中间节点;整个过程持续进行,直至终点。

如果中间节点没有空闲的物理线路可以使用,整个线路的"串接"将无法实现,仅当通信的两个站点之间建立起物理线路之后,才允许进入数据传输阶段。

线路一旦被分配,在未释放之前,即使某一时刻线路上并没有数据传输,其他站点也将无法使用。

#### 2.数据传输

在已经建立物理线路的基础上,站点之间进行数据传输。数据既可以从发起方站点传往响应方站点,也允许相反方向的数据传输。由于整个物理线路的资源仅用于本次通信,通信双方的信息传输延迟仅取决于电磁信号沿媒体传输的延迟。

## 3. 释放线路

当站点之间的数据传输完毕,执行释放线路的动作,该动作可以由通信双方中任一站点发起,释放线路请求通过途径的中间节点送往对方,释放整条线路资源。

### (二)线路交换的特点

#### 1. 独占性

建立线路之后、释放线路之前,即使站点之间无任何数据可以传输,整个线路仍不允许其他站点共享,因此线路的利用率较低,并且容易引起连续的拥塞。

#### 2. 实时性好

一旦线路建立,通信双方的所有资源(包括线路资源)均用于本次通信,除了少量的传输延迟之外,不再有其他延迟,具有较好的实时性。

#### 3. 线路交换设备简单

线路交换设备简单,不提供任何缓存装置。

#### 4. 用户数据透明传输

用户数据透明传输,要求收发双方自动进行速率匹配。

# 二、报文交换

## (一)报文交换原理

报文交换的原理是一个站点要发送一个报文(一个数据块),它将目的地址附加在报文上,然后将整个报文传递给中间节点;中间节点暂存报文,根据目的地址确定输出端口和线路,排队等待,当线路空闲时再转发给下一节点,直至终点。

## (二)报文交换的特点

第一,在中间节点,采用"接收—存储—转发"数据。

第二,不独占线路,多个用户的数据可以通过存储和排队共享一条线路。

第三,无线路建立的过程,提高了线路的利用率。

第四,可以支持多点传输。一个报文传输给多个用户,在报文中增加

"地址字段",中间节点根据地址字段进行复制和转发。

第五,中间节点可进行数据格式的转换,方便接收站点的收取。

第六,增加了差错检测功能,避免出错数据的无谓传输等。

(三)报文交换的不足之处

第一,由于"存储—转发"和排队,增加了数据传输的延迟。

第二,报文长度未做规定,报文只能暂存在磁盘上,磁盘读取占用了额外的时间。

第三,任何报文都必须排队等待,即使是非常短小的报文都要求相同长度的处理和传输时间(例如交互式通信中的会话信息)。

第四,报文交换难以支持实时通信和交互式通信的要求。

# 三、分组交换

分组交换是对报文交换的改进,是目前应用最广泛的交换技术。它结合了线路交换和报文交换两者的优点,使其性能达到最优。分组交换类似于报文交换,但它规定了交换设备处理和传输的数据长度(称之为分组),将长报文分成若干个固定长度的小分组进行传输。不同站点的数据分组可以交织在同一线路上传输,提高了线路的利用率。由于分组长度的固定,系统可以采用高速缓存技术来暂存分组,提高了转发的速度。

分组交换实现的关键是分组长度的选择。分组越小,冗余量(分组中的控制信息等)在整个分组中所占的比例越大,最终将影响用户数据传输的效率;分组越大,数据传输出错的概率也越大,增加重传的次数,也影响用户数据传输的效率。

分组交换的应用主要有:①x.25 分组交换网,分组长度为 131 字节,包括 128 字节的用户数据和 3 字节的控制信息;②以太网,分组长度为 1 500 字节左右。

分组交换是在报文交换和线路交换基础上发展起来的技术,结合了两者的优点。分组交换采用两种不同的方法来管理被传输的分组流——数据报分组交换和虚电路分组交换。

### (一)数据报分组交换

数据报是面向无连接的数据传输,工作过程类似于报文交换。采用数据报方式传输时被传输的分组称为数据报,数据报的前部增加地址信息的字段,网络中的各个中间节点根据地址信息和一定的路由规则,选择输出端口,暂存和排队数据报,并在传输媒体空闲时,发往媒体乃至最终站点。

当一对站点之间需要传输多个数据报时,由于每个数据报均被独立地传输和路由,因此在网络中可能会走不同的路径,具有不同的时间延迟,按序发送的多个数据报可能以不同的顺序达到终点。因此为了支持数据报的传输,站点必须具有存储和重新排序的能力。

### (二)虚电路分组交换

#### 1.虚电路(VC)的概念

虚电路是面向连接的数据传输,工作过程类似于线路交换,不同之处在于此时的电路是虚拟的。采用虚电路方式传输时,物理媒体被理解为由多个子信道(称之为逻辑信道)组成,子信道的串接形成虚电路,利用不同的虚电路来支持不同的用户数据传输。

#### 2.采用虚电路进行数据传输的过程

(1)虚电路建立

发送方发送含有地址信息的特定的控制信息块(如呼叫分组),该信息块途经的每个中间节点根据当前的逻辑信道(LC)使用状况分配 LC,并建立输入和输出 LC 映射表,所有中间节点分配的 LC 的串接形成虚电路。

(2)数据传输

站点发送的所有分组均沿着相同的虚电路传输,分组的发收顺序也完全相同。

(3)虚电路释放

数据传输完毕,采用特定的控制信息块(如拆除分组)释放该虚电路,通信的双方都可发起释放虚电路的动作。

由于虚电路的建立和释放需要占用一定的时间,因此虚电路方式不适合站点之间具有频繁连接和交换短小数据的应用(例如交互式的通信)。

#### 3.虚电路的类型

(1)永久虚电路

在两个站点之间事先建立固定的连接,类似于存在一条专用电路,任何时候站点之间都可以进行通信。

(2)呼叫虚电路

用户应用程序可以根据需要动态建立和释放虚电路。

### (三)线路交换与分组交换的比较

1.分配通信资源(主要是线路)的方式

(1)线路交换

静态地事先分配线路,造成线路资源的浪费,并导致接线时的困难。

(2)分组交换

动态地(按序)分配线路,提高了线路的利用率,由于使用内存来暂存分组,可能会出现因为内存资源耗尽,中间节点不得不丢弃接收到的分组的情况。

2.用户的灵活性

(1)线路交换

信息传输是全透明的,用户可以自行定义传输信息的内容、速率、体积、格式,可以同时传输语音、数据、图像等。

(2)分组交换

信息传输是半透明的,用户必须按照分组设备的要求使用基本的参数。

3.收费

(1)线路交换

网络的收费仅限于通信的距离和使用的时间。

(2)分组交换

网络的收费考虑传输的字节(或者分组)数和连接的时间。

# 第六节　差错控制技术

## 一、差错控制方法

### (一)差错产生的原因

当数据从信源出发,经过通信信道时,由于通信信道中总是有一定的噪声存在,在到达信宿时,接收信号是数据信号与噪声的叠加。在接收端,如果噪声对信号叠加的结果在电平判决时出现错误,就会引起数据传输的错误。通信信道中的噪声分为冲击噪声和热噪声,热噪声是由传输介质的电子热运动产生的,它时刻存在着,但幅度较小,是一种随机噪声。冲击噪声是由外界的电磁干扰引起的,与热噪声相比,冲击噪声幅度较大,是引起传输差错的主要原因。在通信过程中产生的传输差错就是由随机差错与突发差错共同构成的。

### (二)常用的差错控制方法

#### 1.反馈重传法

①发送方发送具有检测错误能力的代码(称为检错码)。

②接收方根据代码的编码规则,验证接收到的数据代码,并将结果反馈给发送方(正确接收/接收有错)。

③发送方可根据反馈的结果决定是否执行重传动作,如果接收方未正确接收,则重传(出错重传)。

④在规定的时间内,若未能收到反馈结果(称为超时),则发送方可以认为传输出现差错,进而执行重传动作(超时重传)。

#### 2.前向纠错法

由发送方发送具有纠正错误能力的代码,接收方根据编码规则,检查传输差错,并自动进行纠错动作。

#### 3.混合纠错法

继承了反馈重传法和前向纠错法两者的优点,发送方发送具有检错能力和一定纠错能力的编码,接收方根据检测的结果,如果差错可以纠正,则自动进行纠错;否则,通过反馈信道,要求发送方执行重发动作。

## 二、数据检验方法

上文讲了差错控制的几种方法,那么接收端到底是如何检测出错误或者检出错误并进行纠正呢?这就需要对要传输的数据进行特定的编码以检测并纠正错误,这种编码方法就称为差错控制编码。可以由发送端的信道编码器在信息序列中增加一些监督位,这些监督位和信息位之间有一定的关系,使接收端可以利用这种关系由信道译码器来发现或纠正可能存在的错码。

目前的差错控制编码主要有检错码和纠错码两种方案,采用纠错码方案时,需要让每个传输的分组附加上足够的冗余信息,以便在接收端能发现并自动纠正错误。采用检错码方案时,需要让分组附加上一定的冗余信息,以便在接收端可以发现传输出现了差错,但由于不能判断是哪一位传输出了差错,因此也不能纠正。纠错码方法虽然有优越之处,但实现困难,在一般的通信场合不易采用。检错码方法虽然需要通过重传机制来达到纠错的目的,但原理简单,实现容易,是目前正在广泛使用的编码方式。

检错码的构造:

$$检错码=信息字段+检验字段$$

信息字段和检验字段之间的对应关系为:检验字段越长,编码的检错能力越强,编码解码越复杂;附加的冗余信息在整个编码中所占的比例越大,传输的有效成分越低,传输的效率下降。

检错码一旦形成,整个检错码将作为一个整体被发往线路,通常的发送顺序是信息字段在前,检验字段在后。常用的编码方法有:奇/偶检验码(包括水平奇/偶检验码、垂直奇/偶检验码和水平垂直奇/偶检验码三种编码)、循环冗余编码等。

## (一)水平奇/偶检验码

信息字段以字符为单位,检验字段仅含一个比特称为检验比特或校验位,使用 7 位的 ASCII 码来构造 8 位的检错码时,若采用奇/偶检验,检验位的取值应使整个码字包括检验位中为 1 的比特个数为奇数或偶数。

例:信息字段　　　奇检验码　　　偶检验码

　　0110001　　01100010　　01100011

编码效率:$Q/(Q+1)$(信息字段占 $Q$ 个比特)。

应用:通常在异步传输方式中采用偶检验,同步传输方式中采用奇检验。

### 1. 垂直奇/偶检验码(组检验)

把传输的信息进行分组并排列为若干行和列,组中每行的相同列进行奇/偶检验,最终产生由检验位形成的检验字符(检验行),并附加在信息分组之后传输。

### 2. 水平垂直奇/偶检验码(方阵检验)

在水平校验的基础上实施垂直检验。表 2—1 就是以 4 行 7 列信息组的水平垂直偶检验码为例。

表 2—1  水平垂直偶检验码

| 信息组 | 水平检验位 |
|---|---|
| 0111001 | 0 |
| 0010101 | 1 |
| 0101011 | 0 |
| 1010101 | 0 |
| 垂直检验位 1010010 | 1 |
| 发往线路顺序:01110010\|00101011\|01010110\|10101010\|10100101<br>第 1 字符 第 2 字符 第 3 字符 第 4 字符 偶检验字符<br>编码效率:PQ/ (P ＋ 1)(Q ＋ 1)(假设被传信息分组占 Q 行 P 列) | |

## (二)循环冗余编码

循环冗余编码(CRC)是目前应用最广的检错码编码方法之一,它的检错能力很强而且实现起来比较容易。

CRC 检错方法的工作原理是:将要发送的数据比特序列当作一个多项式 $f(x)$ 的系数,在发送端用收发双方预先约定的生成多项式 $G(x)$ 去除,求得一个余数多项式,将余数多项式加到数据多项式之后发送到接收端。在接收端用同样的生成多项式 $G(x)$ 去除接收数据多项式 $f'(x)$,得到计算余数多项式。如果计算余数多项式与接收到的余数多项式相同,则表示传输无差错;如果计算余数多项式与接收余数多项式不相同,则表示传输有差错,由发送方重发数据,直至正确为止。

# 第三章　计算机网络的体系结构与协议

## 第一节　网络体系结构基本概念

### 一、网络体系结构的发展史

首先出现的计算机网络体系结构是 IBM 公司于 1974 年研制的系统网络体系结构(System Network Architecture,SNA),这种网络体系结构体现了分层的思想。SNA 不断发展,之后变更了几个版本,目前,它是世界上应用较为广泛的一种网络体系结构,而其他一些公司也相继推出了不同的网络体系结构。

有了网络体系结构,一个公司生产的各种设备都能够按照协议互联成网。但是跨公司的产品因为分属不同的网络体系结构,采用的协议不同,就很难相互联通。这种情况方便了单个公司的垄断,因为用户一旦购买了某个公司的网络产品,那么后续扩展时就必须继续购买同一个公司的产品。而多个用户之间很有可能因为采用不同公司的网络产品而无法通信,然而全球经济一体化的迫切需求要求用户之间能够方便地交换信息。

1977 年,为了实现不同的计算机网络之间能够互联,国际标准化组织(ISO)成立了专门的研究机构。不久,他们提出了一个标准框架,叫作开放系统互联基本参考模型(Open Systems Interconnection Reference Model,OSI/RM),简称 OSI。"开放"是指只要遵循 OSI 标准,一个系统就可以和位于世界上任何地方的、也遵循同一标准的其他任何系统进行通信;"系统"是指在现实的系统中与互联有关的各部分。历时 6 年,OSI/RM 终于在 1983 年形成了正式的文件,即著名的 ISO 7498 国际标准,它采用了七层协议的体系结构。

理想情况下,全世界的计算机网络都遵循 OSI 标准,那么任意计算机之间都将能够方便地进行互相通信。最初,许多大公司和政府机构纷纷表示支持 OSI,有人认为在未来全世界一定会按照 OSI 制定的标准来构造各自的计算机网络。然而,因特网抢先覆盖了全世界大部分的计算机网络,而其中没有用到任何遵循 OSI 标准的网络产品,甚至,没有一家公司生产出符合 OSI 标准的商用产品。最终,OSI 仅仅获得了一些理论研究的成果,而没有实现市场化。现今规模最大的、覆盖全世界的计算机网络因特网采用的并非 OSI 标准,而是 TCP/IP 标准。

TCP/IP 标准是随着计算机网络的发展而产生的,最初的计算机网络——ARPANET 就是采用 TCP/IP 标准,ARPANET 的继承者——因特网也是采用该标准。ARPANET 最初是租用电话线,将几百所大学和政府机构的计算机设备连接起来的。后来,卫星和无线电网络也加入了进来,原来的协议无法实现它们之间的互联。如何采用无缝的方式连接多种类型的网络是当时的主要研究目标。1974 年,Cerf 和 Kahn 发表了一篇文章,论述了一种体系结构,它能够实现当时的需求,这就是采用 TCP/IP 标准的体系结构。1988 年,Clark 具体讨论了该体系结构背后的设计思想。

按照一般人的看法,任何技术与设备都必须符合相关国际标准才能得到大规模应用。然而,事实相反,官方制定的国际标准 OSI 并没有得到广泛的实际应用(甚至几乎没有任何应用),而非官方形成的 TCP/IP 标准却成了事实上的国际标准。所以说,市场在一定程度上能够选择标准。

目前,因特网已经成了网络的代名词。当然,因特网的体系结构也在不断发展变化中。新一代网络体系结构也面临着一些挑战,主要有以下几个方面:①大规模、可扩展。②高性能。③安全可信。④移动性。⑤异构共存(IPv4 到 IPv6 的过渡)。⑥更好的管理。⑦支持新应用。⑧经济模式。

## 二、协议、层次、接口与体系结构的概念

协议全称为网络协议,即在计算机网络中实现数据交换必须遵循的事先约定好的规则、标准。网络协议主要由下面三个要素组成:①语法,即数

据与控制信息的结构或格式。②语义,即需要发出何种控制信息,完成何种动作以及做出何种响应。③同步,即事件实现顺序的详细说明。

事实上,网络中任意两台计算机通信都必须有协议。它不同于计算机内部的数据通信,比如,我们经常在计算机上对文件进行读写操作,就不需要任何协议,除非读写的文件来自网络上另一台计算机。

协议都有两种形式。一种是采用文字描述的形式;另一种是使用计算机程序代码描述的形式。这两种形式的协议目的是一样的,都严格规定了网络上数据交换的规则。

计算机网络的设计经验告诉我们,对于非常复杂的计算机网络协议,必须采用层次化结构。层次化分解了协议的复杂度,它就像是将一件事情分为几个阶段来实现,每个阶段完成部分工作,最终各阶段完毕后完成所有工作。以一个典型的网络软件——即时通信工具为例简单介绍一下层次化结构的工作原理。

现在假设用户1与用户2通过即时通信工具进行通信,这是一种很常用的工具,但其具体实现机制较为复杂。

当信息被传送时,用户之间发送的短信息、文件、图片等,都可以称之为信息。信息传送程序专门负责为信息分类、编码,确信对方的信息接收程序是否准备好,然后按照一定的协议对信息进行封装。接收方收到信息后,根据协议对信息进行分析解包,最终完成用户之间的信息交换。这些工作可以交给一个信息传送模块来完成。

如果让信息传送模块完成全部通信功能,将会使信息传送模块过于复杂。可以在信息传送模块下方再设立一个通信服务模块,用来确保信息传送命令在两个计算机之间正确交换。换句话说,信息传送模块利用下面的通信服务模块提供的服务完成自身的工作。可以看出,如果将信息传送模块换成文件传送模块,那么文件传送模块一样可以利用它下面的通信服务模块所提供的可靠通信的服务。

另外,还可以在通信服务模块下方再构造一个网络接入模块,让这个模块负责做与网络接口有关的工作,并向通信服务模块提供服务,使上层模块能够完成可靠通信的任务。

计算机网络的层次化模型示意图如图 3—1 所示。

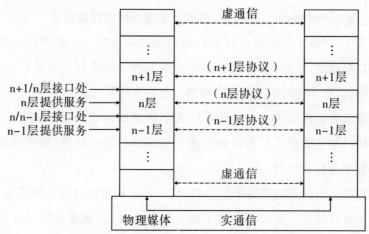

图 3—1　计算机网络的层次化模型示意图

层次化的要点可分为以下内容：

第一，只有物理媒体上进行的是实通信，其余各对等实体间进行的都是虚通信。

第二，对等层的通信必须遵循该层的协议。

第三，n 层的虚通信是通过 n 层与 n—1 层间接口处 n—1 层提供的服务以及 n—1 层的通信来实现的。

层次与协议是相联系的，每一个层次都对应各自的协议，层次与协议组成了体系结构。同时，层次化与体系结构一样，都属于抽象的概念。计算机网络的体系结构是这个计算机网络及其部件所应完成的功能的精确定义。

网络的体系结构的特点可分为以下几方面：

第一，以功能作为划分层次的基础。

第二，第 n 层的实体在实现自身定义的功能时，只能使用第 n—1 层提供的服务。

第三，第 n 层在向第 n+1 层提供服务时，此服务不仅包含第 n 层本身的功能，还包含由下层服务提供的功能。

第四，仅在相邻层间有接口，且所提供服务的具体实现细节对上一层完全屏蔽。

接口负责相邻各层之间的交互，向上负责数据的解析，端口的分用；向下负责数据的封装,端口的复用。一个具有明确定义的接口便于各层的协议制订,各层实现时只需调用接口所提供的服务即可。

## 三、网络分层的意义与层次划分的原则

### (一)网络分层的优点
网络分层可以带来以下几个方面的优势。

#### 1. 功能独立
层与层之间相互独立,每一层都不用关心下一层如何实现,只需知道层间的接口提供的服务即可。由于各层实现的功能相对独立,所以复杂的网络通信问题就被划分成了多个相对简单的问题。因此,整个问题的复杂度就降低了。

#### 2. 灵活
如果某一层由于技术进步,发生了一些改变,只要保持层间关系不变,就不会影响上下层。另外,还可以在某一层上增加功能,以满足新的服务需求,不需要时可随时删掉该功能,只要不影响层间接口即可,这就给各层的实现带来了极大的灵活性。

#### 3. 隔离性好
各层都可以采用最合适的技术实现,互不影响。

#### 4. 容易维护和实现
分层结构将一个完整的系统划分为若干个独立的子系统,这使得实现和调试一个庞大复杂的系统变得容易。

#### 5. 促进标准化工作
因为各层功能与服务都必须有精确的说明,很容易进一步形成标准。

分层的工作非常重要,它涉及网络协议的制定,每一层的具体功能必须非常明确。若层数太少,将会使各层协议趋于复杂,而层数过多又会导致在描述和综合各层功能并制订协议时遇到更多的困难。

### (二)各层的功能分类情况
各层的功能可概括为以下几个方面内容。

### 1. 差错控制

差错控制可使通信更加可靠。

### 2. 流量控制

流量控制限制发送端的发送速率,要使接收端来得及接收。

### 3. 分段和重装

分段和重装是指发送端将数据划分为更小的单位,接收端收到后将其还原。

### 4. 复用和分用

发送端的多个高层应用可以复用一条低层的连接,在接收端必须进行分用。

### 5. 建立与释放连接

交换数据前必须先建立一条逻辑连接,数据传送结束后释放连接。

分层也有缺点,比如,有些功能可能在多个不同层次中重复出现,增加实现开销。所以,一个好的体系结构,必须兼顾这些问题,设计的层次既不能过少,以免实现起来过于烦琐、复杂;也不能过多,以免功能过度重叠,导致通信效率低下。

(三)OSI 参考模型的分层原则

第一,当需要一个新的抽象体时,应该创建一层。

第二,每一层的功能都必须是明确定义的。

第三,每一层功能的选择都必须同时考虑制订国际标准化协议。

第四,层边界的选择必须考虑使跨边界所需要的信息越少越好。

第五,层数必须足够多,保证不同的功能由不同的层来实现,但也不能太多,以免体系结构过于庞大。

# 第二节 网络各层的功能和设计要点

## 一、物理层

物理层的功能是在网络中各计算机之间的传输媒介上传输数据比特

流,它不必考虑具体的物理设备和传输媒介本身。然而,现有的计算机网络中存在各种类型的物理设备和纷繁复杂的传输媒介,比如磁介质、双绞线、同轴电缆、光纤等,通信手段也多种多样,比如无线传输、有线传输,无线传输又分为电磁波谱、无线电传输、微波传输、红外线和毫米波传输、光波传输等,有线传输可以采用有线电视、公共交换电话网络等。

物理层的作用就是要尽可能屏蔽这些差异,使物理层上面的数据链路层无须考虑底层的具体技术细节,使得数据链路层只需完成本层的协议和服务。通常,物理层的协议也常称为物理层规程。

（一）物理层特性

物理层的主要功能是确定与传输媒介的接口的一些特性,具体可分为以下几个方面。

1. 机械特性

机械特性可指明接口所用接线器的形状和尺寸、引线数目和排列、固定和锁定装置等。

2. 电气特性

电气特性可指明在接口电缆的各条线上出现的电压的范围。

3. 功能特性

功能特性可指明某条线上出现的某一电平的电压表示何种意义。

4. 规程特性

规程特性可指明对于不同功能的各种可能事件的出现顺序。

计算机网络的物理层上通常都采用串行传输,因为串行传输对时序和电磁干扰要求较低。当然,短距离范围有时也可以采用多个比特的并行传输方式。出于经济上的考虑,远距离的传输通常都采用串行传输。

具体的物理层协议是非常复杂的。因为物理连接方式多种多样,比如,可以是点对点连接,也可以是多点连接,或者采用广播连接等。

（二）物理层标准

最常用的物理层标准有以下两种。

1. EIA-232-E 接口标准

EIA-232-E 是美国电子工业协会 EIA 制定的物理层异步通信接口标

准,它最早是 1962 年制定的标准 RS-232。这里的 RS 表示 EIA 的一种"推荐标准",232 是编号。在 1969 年修订为 RS-232-C,C 是标准 RS-232 以后的第三个修订版本。1987 年 1 月修订为 EIA-232-D,1991 年又修订为 EIA-232-E。由于标准修改得并不多,因此现在很多厂商仍然使用旧名称,有时简称为 EIA-232,甚至说得更简单些:"提供 232 接口"。

EIA-232 是数据终端设备与数据通信设备之间的接口标准。因此下面先介绍什么是数据终端设备与数据通信设备。

数据终端设备(Data Terminal Equipment,DTE)是具有一定的数据处理能力以及发送和接收数据能力的设备。大家知道,大多数的数字数据处理设备的数据传输能力是很有限的,直接将相隔很远的两个数据处理设备连接起来,是不能进行通信的,必须在数据处理设备和传输线路之间,加上一个中间设备。这个中间设备就是数据通信设备(Data Communication Equipment,DCE)。DCE 的作用是在 DTE 和传输线路之间提供信号变换和编码的功能,并且负责建立、保持和释放数据链路的连接。

DTE 可以是计算机,也可以是终端设备或者各种 I/O 设备。典型的 DCE 则是一个与模拟电话线路相连接的调制解调器。从图 3-2 中可以看出,DCE 虽然处于通信环境内,但它和 DTE 均属于用户设施。用户环境只有 DTE。

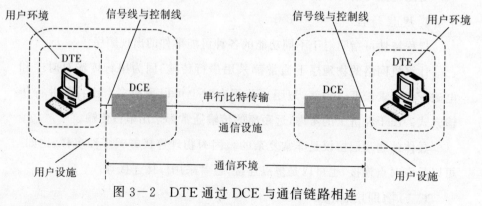

图 3-2  DTE 通过 DCE 与通信链路相连

DTE 与 DCE 之间的接口由许多信号线和控制线组成。DCE 将 DTE 传过来的数据,按照比特先后顺序逐个发往传输线路,或者反过来,从传输线路上接收比特流,然后再交给 DTE。很明显,这里需要高度协调地工作,为了减轻数据处理设备用户的负担,就必须对 DTE 和 DCE 的接口进行标准化,这种接口标准就是所谓的物理层协议,但也有不同的物理层协议。例如,在局域网中,物理层协议多定义的是一个数据终端设备和链路的传输媒介的接口,而并没有使用 DTE/DCE 模型。有一种常用的 DCE 类型叫作 CSU/DSU,意思是信道服务单元/数据服务单元,它将 DTE/DCE 接口转换为通常的电话接口。

物理层标准 EIA-232 的主要特点分为以下几个方面。

机械特性。EIA-232 使用 ISO 2110 关于插头座的标准,即使用 25 根引脚的 DB-25 插头座,引脚分为上、下两排,分别有 13 和 12 根引脚,其编号分别规定为 1 至 13 和 14 至 25,都是从左到右。

电气特性。EIA-232 与 CCITT 的 V.28 建议书相同。EIA-232 采用负逻辑,即逻辑 0 相当于对信号地线有 +3V 或更高的电压;而逻辑 1 相当于对信号地线有 3V 或更负的电压。逻辑 0 相当于数据的"0"(空号)或控制线的"接通"状态,而逻辑 1 则相当于数据的"1"(传号)或控制线的"断开"状态。当连接电缆线的长度不超过 15 m 时,允许数据传输速率不超过 20 kb/s。但是当连接电缆长度较短时,数据传输速率就可以大大提高。

EIA-232 的规程特性规定了在 DTE 与 DCE 之间所发生的事件的合法序列,这部分内容与 CCITT 的 V.24 建议书相同。

图 3—3 所示的例子描述了 DTE-A 向 DTE-B 发送数据的过程。

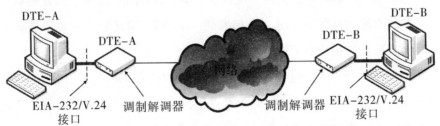

图 3—3　两个 DTE 通过 DCE 进行通信的例子

第一,当 DTE-A 要和 DTE-B 进行通信时,就将引脚 20"DTE 就绪"置为 ON,同时通过引脚 2"发送数据"向 DTE-A 传送电话号码信号。

第二,DTE-B 将引脚 22"振铃指示"置为 ON,表示通知 DTE-B 有呼叫信号到达(在振铃的间隙以及其他时间,振铃指示均为 OFF 状态)。DTE-B

就将引脚 20"DTE 就绪"置为 ON。DTE-B 接着产生载波信号,并将引脚 6 "DCE 就绪"置为 ON,表示已准备好接收数据。

第三,当 DTE-A 检测到载波信号时,将引脚 8"载波检测"和引脚 6 "DCE 就绪"都置为 ON,以便使 DTE-A 知道通信电路已经建立。DTE-A 还可通过引脚 3"接收数据"向 DTE-A 发送在其屏幕上显示的信息。

第四,DTE-A 接着向 DTE-B 发送其载波信号,DTE-B 将其引脚 8"载波检测"置为 ON。

第五,当 DTE-A 要发送数据时,将其引脚 4"请求发送"置为 ON,引脚 5 "允许发送"置为 ON,然后 DTE-A 通过引脚 2"发送数据"来发送其数据,DTE-A 将数字信号转换为模拟信号箱 DTE-B 发送过去。

第六,DTE-B 将收到的模拟信号,转换为数字信号,经过引脚 3"接收数据"向 DTE-B 发送。

其他的一些引脚的作用是:选择数据的发送速率,测试调制解调器,传送数据的码元定时信号以及从另一个辅助信道反向发送数据等,但是这些引脚在实际中很少使用。

许多产品都声称自己的串行接口与 EIA-232 标准兼容。这句话的意思只是说明该产品的接口的电气特性和机械特性与 EIA-232 接口标准没有矛盾,并不能说明该接口是否能够支持 EIA-232 的全部功能。这是因为,很多厂商出售的调制解调器只使用了接口的 25 根引脚中的 12 根。因此他们所实现的很可能只是整个 EIA-232 标准的一个子集,因此应弄清你所需要的性能是否已包括在这个子集之中。

EIA 还规定了插头应装在 DTE 上,插座应装在 DCE 中。因此当终端或计算机与调制解调器相连时就非常方便。然而有时却需要将两台计算机通过 EIA-232 串行接口直接相连,这显然有点麻烦。例如,这台计算机通过引脚 2 发送数据,但仍然传送到另一台计算机的引脚 2,这就使对方无法接收。为了不改动计算机内标准的串行接口线路,可以采用虚调制解调器的方法。所谓虚调制解调器就是一段电缆,这样对每一台计算机来说,都好像是与一个调制解调器相连,但实际上并没有真正的调制解调器存在。

### 2.RS-449 接口标准

EIA-232 接口标准有两个较大的缺点：① 数据的传输速率最高为 20 kb/s。②连接电缆的最大长度不超过 15 m。

这就促使人们制订性能更好的接口标准。处于这种考虑，EIA 于 1977 年又制定了一个新的标准 RS-449，以便逐渐取代旧的 RS-232。

实际上，RS-449 由三个标准组成。

(1)RS-449

规定接口的机械特性、功能特性和过程特性，RS-449 采用 37 根引脚的插头座。在 CCITT 的建议书中，RS-449 相当于 V.35。

(2)RS-423-A

规定在采用非平衡传输时(即所有的电路共用一个公共地)的电气特性，当连接电缆长度为 10 m 时，数据的传输速率可达 300 kb/s。

(3)RS-422-A

规定在采用平衡传输时(即所有的电路没有公共地)的电气特性，它可将传输速率提高到 2 Mb/s，而连接电缆长度可超过 60 m。当连接电缆长度更短时(如 10 m)，则传输速率还可以更高些(如达到 10 Mb/s)。

通常 EIA-232/V.24 用于标准电话线路(一个话路)的物理层接口，而 RS-449/V.35 则用于宽带电路(一般都是租用电路)，其典型的传输速率为 48168 kb/s，都是用于点到点的同步传输。

## 二、数据链路层

从数据链路层开始到上层通常采用虚通道的方式来介绍对等层之间的通信，因为大家知道，实际的通信只能在物理层才能实现，真正传输的信号是在物理媒介上传送电信号或者光信号。在数据链路层上传送的数据单元称之为帧，这种说法就已经屏蔽了底层的技术实现细节。

数据链路层的主要功能可分为以下几个方面。

### (一)给网络层提供服务

数据链路层的主要功能是为网络层提供服务，它的主要任务就是将源机器网络层的数据传送到目标机器的网络层之上。在源机器端，网络层中一个实体进程将一些数据位交给数据链路层并将其发送到目标机器。对数据链路层来说,它的工作就是建立一条虚拟路径,将数据位直接传递到目标机器中。

数据链路层提供的服务类型多种多样,与系统实现有关,大体上可分为以下三类。

### 1.无确认的无连接服务

这种服务类型是指源机器向目标机器发送独立的帧,目标机器不用向源机器发送应答信息。通信过程中无须建立逻辑连接,当然,也不需要释放逻辑连接。当发生干扰而丢帧时,采用这种服务类型的数据链路层没有检测和恢复丢帧的功能,它将这种服务留给上一层来完成,所以这种服务类型仅适用于错误发生很少的网络环境。这种场景比较适合于实时通信,比如语音通信。语音通信中数据延迟比数据丢失更不能容忍,因此许多局域网的数据链路层都采用这种服务类型。

### 2.有确认的无连接服务

有确认的服务能够提供更高的可靠性,这类服务没有使用逻辑连接,所以发送的仍然是独立的帧。由于接收方对每个帧都会发送应答信息,所以发送方能够确认每个帧是否发送到了接收方。如果在特定的一段时间内没有收到应答信息,发送方将再次发送该帧。通常在一些不可靠的信道上采用这种服务类型,比如无线环境。

应该说,数据链路层上的确认属于整个网络系统的优化措施,而不是必需的。比如在网络层上采用的是有确认的服务,那么在网络层上发送一个数据包,必须得到接收方的应答才有效。如果网络层上的数据包很长,传到数据链路层后必须分割为 10 帧,那么在数据链路层上即使丢帧率为 20%(假设数据链路层采用无确认的服务),那么网络层上的数据包几乎每次都要重传,并且重传成功的概率也很低。为此,数据链路层在不可靠的信道上采用有确认的服务将会优化整个系统的工作效率。当然,在诸如光纤等可靠的信道上大可不必采用有确认的服务。

### 3.有确认的面向连接服务

这类服务是最复杂的,因为它在传送数据之前都必须建立通道连接。发送过程中,每一帧都被编号,并在数据链路层中保证发送的成功。另外它还需要保证按序接收。可以想象,采用这种服务类型的数据链路层,在发送网络层的一个数据包时将会收到很多条应答信息,并且它能够提供相对可靠的比特流。

面向连接的服务发送数据需要经历三个阶段:第一阶段建立连接,初始化计数器和变量,用来记录帧的发送与应答的接收。第二阶段传输数据帧。第三阶段释放连接,释放变量、缓冲区和各种资源。

## (二)数据帧

数据链路层使用物理层提供的服务来完成为网络层服务。然而,物理层只接收原始的比特流并尝试将其发送到目的地,这个比特流无法保证正确无误,甚至于,数据位的个数可能与实际应该发送的不一致,并且值可能不同。这些都需要靠数据链路层来检测和校验。

通常,数据链路层会将比特流切分为若干离散的数据帧,并为每一帧计算校验和。当这一帧到达目的地后,校验和被重新计算,如果与原来的不一致,则说明数据在传送的过程中发生了错误。数据链路层负责进行校验并处理发生的错误(丢弃错误帧,也可能会回执一个错误报告)。

将比特流切分成数据帧可能不像说起来那么容易,一种形成数据帧的方法是在中间插入时间间隔,就像在文章中每个单词间插入空格一样,然而这种方法的风险很大,因为网络中无法保证时间的正确性。

下面有四种形成数据帧的方法。

### 1. 字符计数法

在每一帧的开头填充该帧的实际长度,以便接收方知晓该帧的开头处和结尾处。然而数据在传输中可能会出错,比如正好错误发生在该帧的开头长度域。实际长度100变成了255,即便通过校验和可以确定该帧是错误的,但仍然无法确定到哪里结束接收该帧。所以这种方法已经很少使用了。

### 2. 含字节填充的分界符法

这种方法在帧的开始处和结束处都加上相同内容的字节,也叫作标志字节。这样即便数据传输过程中发生了错误,也可以通过搜索匹配标志字节来重新同步。如果数据中出现了与标志字节相同的字符,数据链路层协议负责将其前面加上一个转义字符,以免发生错误分界。同理,如果数据中出现了与转义字符相同的字符,则再加上一个转义字符。

这种方法的缺点是假定了传输的数据都是 8 位字节码,然而,这种假定不一定合适。

### 3.含位填充的分界标志法

这种方法允许字符有任意长度的位。它的工作方式是每一帧的开始和结尾都有一个特殊的比特串 01111110。当发送方的数据链路层经过的数据中有连续 5 个"1"时,它会自动在其后填充一个"0"。接收时自动去掉连续 5 个"1"后面的"0"再将数据送往上层。采用这种方法,数据流中出现连续 6 个"1"时说明是帧的开始或结束,不可能是数据本身。同步过程很容易,只需扫描数据流,发现有连续 6 个"1"时则说明到了帧的边界处。

### 4.物理层编码违例法

只有物理层上的编码中包含冗余信息才能使用该法。比如,物理介质上采用"高—低"两个电平组合表示"1","低—高"两个电平组合表示"0"。这时,可以使用"高—高"或"低—低"这样的电平组合确定帧的边界。

实际上,很多数据链路协议综合采用多种方法形成数据帧,确保安全可靠。过程中,只有发现数据帧的分界符,计算数据帧校验和无误才能确定该帧是有效的。

### (三)错误控制

仅仅在数据接收端确定帧的有效性是不够的,有时候发送方还需要确认帧是否按顺序发送到目标机器。当然,对于无确认的无连接服务,即使发送方只管发送数据,不顾对方是否收到数据也能够满足要求。但是,对于有确认的面向连接的服务,这样做是不合适的。

为了确保数据的可靠交付,通常做法是接收方向发送方回执信息。另外还需要额外的辅助,即定时器和数据帧序号。一旦发送方在一段时间内没有接收到回执信息,则重传原数据帧。为了避免接收方重复接收数据帧,需要为每个数据帧编号,以便接收方能够区别重复帧。

### (四)流控制

如果发送方的帧发送速度超过接收方,将有可能淹没接收方,使得很多数据帧没来得及接收就丢掉了。这种情况是很多的,比如接收方的机器很慢,而发送方的机器很快,就可能造成这种问题,数据链路层需要解决这个问题。通常,数据链路层通过流控制来限制上面问题的发生,采用两种方法来解决这个问题。

### 1. 基于反馈的流控制

接收方会向发送方提供反馈信息,比如告诉发送方自身的状态。采用这种方法的协议通常规定了发送方什么时候可以发送后面的数据帧,在没有得到接收方许可的情况下,发送方不能继续发送数据。比如,数据传送过程中,接收方可能会向发送方提供这样的信息:"你现在可以发送 n 个数据帧,发完后停止,等待我的进一步反馈。"

### 2. 基于速率的流控制

这种方法主要是通过限制发送方的发送速率来实现的,无需接收方的反馈信息。由于限制了网络传输速率,数据链路层的协议通常不会采用这种方法。

## 三、网络层

物理层和数据链路层只需考虑与物理上相邻的机器之间的数据传输,网络层与它们不同,它必须保证数据包从源端发送到目标端(数据最终终止传输的接收端)。为此,它需要提供以下服务。

### (一)存储转发数据包交换

图 3—4 描述了网络层协议的运行环境。系统主要由客户设备和网络运营商两部分组成,其中阴影部分属于网络运营商的设备。主机 H1 通过一条租用线路直接连到网络运营商的路由器 A。主机 H2 通过公司内部 LAN 先连接到公司的出口路由器 F 上,F 再通过一条租用线路连到网络运营商的路由器 E 上。

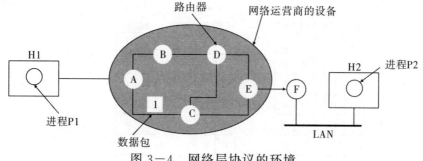

图 3—4 网络层协议的环境

如果主机 A 需要发送数据,那么工作过程大致如下:①首先将数据包发送给最近的路由器 A。②路由器 A 将数据包接收并存储在其上,直到接收完毕并校验无误才将其沿路发送给下一个路由器,直到到达目标主机为止。③目标主机接收到数据包后将其递交给相应的进程。

这就是所谓的存储—转发数据包交换过程。

### (二)向运输层提供服务

网络层需要为运输层提供服务,它提供的服务需要基于以下几条原则:①服务必须独立于路由器技术。②对运输层来说,路由器的数量、类型和拓扑结构应该是透明的。③运输层必须使用统一的网络编址,以便跨越局域网甚至广域网。

这些原则对于网络层设计者来说是比较自由的,网络层可以为上层提供两大类服务,一种是无连接的服务,一种是面向连接服务。

### 1.无连接服务

和数据链路层一样,网络层的无连接服务也无须在数据传输前建立网络连接。所有数据包都独立于路由进行传输。在这种环境中,数据包通常称为数据报(datagram,类似于电报 telegram),子网称为数据报子网。图3—5 描述了数据报子网的工作过程。

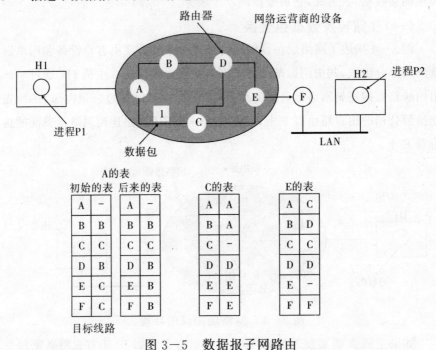

图 3—5　数据报子网路由

假设进程 P1 要向 P2 发送大量的数据(不可能放在一个数据报中)。进程将数据递交给运输层,并告知运输层相应的程序,将其发送到远端机器 H2 中的进程 P2 中,运输层程序在数据前加上一个传输头,并将其递交给网络层相应的程序。

假设数据的长度是最大数据包长度的 4 倍,网络层必须将数据划分成 4 个数据包,并编上序号,使用点到点的协议(如 PPP)将其依次发往路由器 A。此时,将由网络运营商接管余下工作。每个路由器都有一个路由表,记录着针对每个可能的地址,数据包发送的路径(下一跳路由器)。即路由表的表项包含两个元素:即目标和地址,下一跳路由器地址(与路由表所在路由器直接相连的路由器)。路由器 A 的初始表如图 3-5 所示,对于任意一个目标地址,A 的路由表中下一跳路由器地址只能是 B、C 中的一个。

数据包 1、2、3 到达路由器 A 后被暂时保存下来,并按照 A 中的初始的表查出下一跳路由器地址,将三个包依次发送给路由器 C,路由器 C 又将它们存储转发给路由器 E,路由器 E 接着将其存储转发给 F。当数据包到达 F 后将被封装到一个数据链路层的帧中,通过 LAN 发送给 H2。

然而,数据包 4 的发送有所不同。当它到达路由器 A 之后,A 上的路由表发生了变化,出于某种原因,A 将目标地址为路由器 F 的下一跳路由器地址设置为路由器 B。这可能是由于 A 发现往路由器 C 的路径上发生了流量拥塞,因此更新了路由表。如图 3-5 中所示的"后来的表"。

## 2. 面向连接的服务

如果系统采用面向连接的服务,每次通信时都必须首先建立连接。连接建立后,从源机器到目标机器之间将形成一条路径,途经路由器将为该路径设置好一个固定的路由表,该路由表在连接未释放前不会修改。这种服务方式与电话系统的工作方式完全一致。通常称这个连接为一个虚电路,当连接被释放之后,虚电路也随之消失。采用面向连接的服务中,每个数据包都携带一个标识符,指明自己属于哪个虚电路。图 3-6 描述了一个面向连接服务的例子。

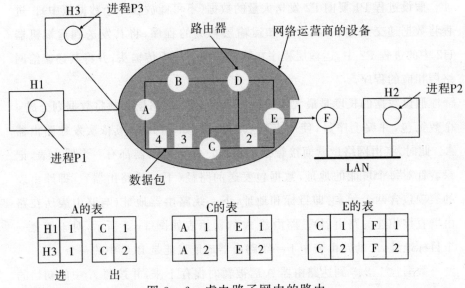

图 3-6　虚电路子网内的路由

主机 H1 与 H2 之间已经建立好了一个连接,这个连接的标识符为 1。路径中的路由器将相应的路由信息记录在其路由表的第 1 项。如果一个数据包来自主机 H1,连接标识符 1,则将其存储转发给路由器 C,并赋予标识符 1。同样,路由器 C 的路由表中第 1 项是该连接对应的路由信息,它指示下一跳路由器为 E,标识符仍为 1。

这时,主机 H3 想与 H2 建立连接,它也设置标识符为 1(因为这是主机 H3 发起的第一条连接),并告知子网它需要建立一条虚电路。它将路由信息记录在各个路由表的第 2 项中。路由器 A 第 2 项的输入是主机 H3,连接标识符为 1;假设输出仍为路由器 C,但是标识符必须设置为 2,否则会产生冲突。避免冲突是路由器必备的功能之一,通常称为标签交换。

# 四、运输层

运输层与其他层不同,它是整个协议架构的核心。

## (一)向上层提供的服务

运输层的最终目标是向它的用户(通常是应用层的进程)提供高效的、可靠的和性价比合理的服务。当然,为了达到这个目标,运输层必须利用网络层提供的服务。运输层中做这项工作的可以是硬件,也可以是软件程序,通常称为传输实体。传输实体可能被放在操作系统核心中,也可能属于一个用户进程,或者以一个二进制包绑定到网络应用程序中,或者放在一个可信的网卡上。

与网络层一样,运输层也有两类服务:即面向连接的和无连接的服务。面向连接的运输层服务与面向连接的网络层服务在很多方面都相似。它们的连接都分为三个阶段:建立、传输数据、释放。地址编码和流量控制也很相似。另外,运输层中的无连接服务与网络层的无连接服务也比较相似。

随之而来的问题是,既然二者的服务如此相似,为何还分为两层呢?合为一层可以吗?为了回答这个问题,可以先看图 3—7 所示内容。

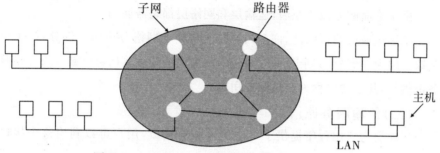

图 3—7　LAN 上的主机和子网之间的关系

运输层的代码只能运行在用户机器上,路由器中运行的最高层程序只能到网络层。如果网络层无法提供足够多的服务,此时子网中就会频繁丢包或者路由器时不时地崩溃,那么该怎么办呢?由于用户无法控制路由器的网络层,所以无法解决路由器的诸多问题。唯一的解决方法就是在网络层上再加一层来提高网络的服务质量,这就是网络层提供足够多的服务的原因。

如果网络层能够提供面向连接的服务,考虑这样一个例子,一个传输实体在数据传输过程中网络突然中断,连接因此被断开,并且没有任何关于最后一个成功传送的数据包是哪一个的指示信息。当网络连接重新建立后,发送端可以使用这条新的网络连接向网络另一端发送查询请求,询问哪些数据包已经被接收,哪些还没有收到,根据这些信息就可以从上次中断的地方重新开始数据传输。

本质上,运输层可以比网络层提供更可靠的服务。丢失的数据包和毁坏的数据都可以在传输层上检测并重传。另外,运输层提供的服务可以利用网络层的服务原语来实现,而运输层提供的服务原语可以独立于网络层的服务原语。这样,更改网络层的服务原语并不会影响运输层的服务原语提供的服务功能,比如,无连接的 LAN 与面向连接的 WAN 的网络层服务原语完全不同,但是这上面的运输层服务原语提供的功能不会有任何变化。

正是因为有了运输层,应用程序编写者才可以根据标准编写程序代码,并运行在各种各样的网络中,而不用去处理不同的子网接口,也不用担心不可靠的传输方式。当然,如果所有的网络都是完美的、可靠的,运输层是可以去掉的。然而,现实情况并非如此,所以运输层在屏蔽子网的诸多问题上起到了关键的作用。

由于上面两方面的原因,运输层和网络层都是需要的。

基于运输层的特殊性,许多人习惯于将整个网络分成两个部分:第 1 层到第 4 层为一部分,其余为另一部分。从物理层到运输层可以被看成传输服务提供者,其余的层称为传输服务用户。

## (二)传输服务原语

运输层为应用程序提供了一个传输服务接口,用户可以利用这个接口来使用运输层提供的服务,每个运输层的服务都有自己的接口。

运输层的服务与网络层的服务比较相似,但二者有着重要的区别。二者最主要的区别是,网络层按照真实的网络情况建立服务模型。网络在现实情况中可能会丢包,所以通常是不可靠的。相比较而言,面向连接的运输层服务是可靠的。当然,真实的网络不是无错的,那么运输层的目标就是在不可靠的网络基础上提供可靠服务。

打个比方,对于 UNIX 系统上的两个进程,它们通过管道进行通信,通常认为通信过程是完美无缺的,进程本身不用考虑确认、丢包、拥塞等问题。它们希望的是 100% 可靠的连接。进程 A 将数据放在管道的一端,进程 B 从另一端取出数据。面向连接的运输层服务就是这样的,它对进程屏蔽了很多网络层状况,并假定存在一条无错的比特流。

二者在服务目标上也存在区别,网络层只为传输实体提供服务。很少有人自己编写传输实体,并且很少有程序或用户直接使用网络层服务。相反,它们直接看到和用到的是运输层的服务原语。因此,运输层的服务必须方便易用。

表 3-1 给出了 5 个基本的服务原语。这是一个精简的运输层服务接口,描述了面向连接的传输服务接口的本质。它允许应用程序建立、使用和释放连接,对大部分应用程序来说已经足够使用。

表 3-1 一个简单传输服务的原语

| 原语 | 发送的分组 | 含义 |
|------|-----------|------|
| LISTEN | (无) | 阻塞,直到有某个进程试图与它建立连接 |
| CONNECT | CONNECTION REQ | 主动地尝试建立一个连接 |
| SEND | DATA | 发送信息 |
| RECEIVE | (无) | 阻塞,直到一个数据包到来 |
| DISCONNECT | DISCONNECTION REQ | 希望释放已经建立的连接 |

为了说明这些服务原语是如何工作的,考虑这样一个应用场景,它包含一个服务器端和若干个远端的客户端。

首先,服务器端执行一个监听(LISTEN)的服务原语,典型的做法是调用一个库程序,它将执行一个系统调用,进而阻塞该服务器程序,直到有客户端发来连接请求。客户端为了和服务器端通信,它将执行 CONNECT 服务原语。传输实体将阻塞客户端并向服务器端发送数据包。该数据包内存放的数据属于运输层消息。

人们经常使用传输协议数据单元(Transport Protocol Data Unit,TPDU)来表示传输实体之间传递的消息。所以,TPDU 通常存放在网络层中传输的数据包中,同理,也存放在数据链路层中传递的数据帧中。当接收到一个数据帧时,数据链路层将对帧头进行处理,然后将内容(网络层的数据包,packets)递交给网络层。网络实体对数据包的头部进行处理,然后将内容递交给运输层。

回到刚才的客户—服务器通信的应用场景中,客户端执行的 CONNECT 服务原语将发送一个称为连接请求的数据单元(CONNECTION REQUEST TPDU),并将其发送给服务器端,客户端也进入阻塞状态。当连接请求到达服务器后,传输实体将检查服务器是否在监听(LISTEN),如果是,它将接触阻塞,并给客户端发送(回执)一个允许连接的数据单元(CONNECTION ACCEPTED TPDU)。当客户端收到这个 TPDU 后,将解除客户端的阻塞。此时,客户—服务器连接已经建好。

数据的传送通常使用 SEND 和 RECEIVE 服务原语。任何一方都可以执行 RECEIVE 原语阻塞自己,等待另一方执行 SEND 原语发送数据。当接收方接收到一个 TPDU,它将解除自己的阻塞。它需要对这个 TPDU 进行处理,并回送一个应答信息。只要通信双方能够轮流地发送,工作就可以继续下去,不会发生冲突。

需要注意的是,运输层中即使再简单的传输,也要比网络层的通信要复杂得多。发送的每一个数据包都需要被确认。携带控制信息的 TPDU 的数据包也需要确认,可以是隐式的或者显示的。这些确认信息是由传输实体直接管理的,它利用了网络层协议,对运输层的用户来说是透明的。另外,传输实体还需要考虑定时器和重传的问题,但是对运输层的用户仍是透明的。对运输层用户来说,一个连接就是一个可靠的管道,用户在一端放数据,另一端就一定会出现数据。这种具备隐藏底层复杂性的能力使得分层协议成为一种功能强大的工具。

连接最终必须被释放,释放连接有两种方式:即对称性的和非对称性的。在非对称方式中,任何一方都可以提出断开连接(执行 DISCONNECT 原语),结果是本地机器发送一个 DISCONNECT TPDU 到远端的传输实体中,另一端接收到该 TPDU 后,即释放连接。

在对称方式中,每一个方向都需要单独的关闭,即都需要执行 DISCON-NECT 原语。当一方执行了 DISCONNECT 原语,那么这一方就不能再发送数据了,但是可以接收数据。

# 五、会话层

会话层是 OSI 模型中提出的,它在传输层提供的服务之上,给表示层提供服务,加强了会话管理、同步和活动管理等功能。

会话层的主要特点可分为以下内容。

## (一)实现会话连接到传输连接的映射

会话层的主要功能是提供建立连接并有序传输数据的一种方法,这种连接就叫作会话。会话可以使一个远程终端登录到远地的计算机,进行文件传输或进行其他的应用。

会话连接建立的基础是建立传输连接,只有当传输连接建立好之后,会话连接才能依赖于它而建立。会话与传输层的连接有三种对应关系,具体分为以下内容。

### 1.一对一的关系

在会话层建立会话时,必须建立一个传输连接,当会话结束时,这个传输连接也释放了。

### 2.多会话连接对单个传输连接

例如在航空订票系统中,为一个顾客订票则代理点终端与主计算机的订票数据库建立一个会话,订票结束则结束这一次会话,然后又有另一顾客要求订票,于是又建立另一个会话。运载这些会话的传输连接没有必要不停地建立和释放,但多个会话不可同时使用一个传输连接,在同一时刻,一个传输连接只能对应一个会话连接。

### 3.单会话连接对多个传输连接

这种情况是指传输连接在连接建立后中途失效了,这时会话层可以重新建立一个传输连接而不用废弃原有的会话。当新的传输连接建立后,原来的会话可以继续下去。

## (二)会话连接的释放

会话连接的释放不同于传输连接的释放,它采用有序的释放方式,使用完全的握手,包括请求、指示、响应和确认原语,只有双方同意会话才终止。这种释放方式不会丢失数据,因为异常原因之下会话层可以不经协商立即释放。

## (三)会话层管理

与其他各层一样,两个会话实体之间的交互活动都需协调、管理和控制,会话服务的获得是执行会话层协议的结果,会话层协议支持并管理同等会话实体之间的数据交换。

由于会话往往是由一系列交互对话组成,所以对话的次序,对话的进展情况必须加以控制和管理。在会话层管理中考虑了令牌与对话管理、活动与对话单元以及同步与重新同步的措施。

### 1.令牌和对话管理

在原理上,所有 OSI 的连接都是全双工的。然而,在许多情况下,高层软件为方便往往设计成半双工那样交互式通信。例如,远程终端访问一个数据库管理系统,往往是发出一个查询,然后等待回答,要么轮到用户发送,要么轮到数据库发送,保持这些轮换的轨迹并强制实行轮换,就叫作对话管理。实现对话管理的方法是使用数据令牌。令牌是会话连接的一个属性,它表示了会话服务用户对某种服务的独占使用权,只有持有令牌的用户可以发送数据,另一方必须保持沉默。令牌可在某一时刻动态地分配给一个会话服务用户,该用户用完后又可重新分配。所以,令牌是一种非共享的OSI资源。会话层中还定义了次同步令牌和主同步令牌,这两种用于同步机制的令牌将与下面的同步服务一起介绍。

### 2. 活动与对话单元

会话服务用户之间的合作可以划分为不同的逻辑单位,每一个逻辑单位称为一个活动。每个活动的内容具有相对的完整性和独立性。因此也可以将活动看成是为了保持应用进程之间的同步而对它们之间的数据传输进行结构化而引入的一个抽象概念。在任一时刻,一个会话连接只能为一个活动所使用,但允许某个活动跨越多个会话连接。另外,可以允许多个活动顺序地使用一个会话连接,但在使用上不允许重叠。

例如:一对拨通的电话相当于一个会话连接,使用这对电话通话的用户进行的对话相当于活动。显然一个电话只能一个人使用,即支持一个活动。然而,当一对用户通完话后可不挂断电话,让后续需要同一电话线路连接的人接着使用,这就相当于一个会话连接供多个活动使用。若在通话过程中线路出现故障引起中断,则需要重新再接通电话继续对话,这就相当于一个活动跨越多个连接。对话单元又是一个活动中数据的基本交换单元,通常代表逻辑上重要的工作部分。在活动中,存在一系列的交互通话,每个单向的连接通信动作所传输的数据就构成一个对话单元。

### 3. 同步与重新同步

会话层的另一个服务是同步。所谓同步就是使会话服务用户对会话的进展情况有一致的了解。在会话被中断后可以从中断处继续下去,而不必从头恢复会话。这种对会话进程的了解是通过设置同步点来获得的。会话层允许会话用户在传输的数据中自由设置同步点、并对每个同步点赋予同步序号,以识别和管理同步点。这些同步点是插在用户数据流中一起传输给对方的。当接收方通知发送方,它收到一个同步点。发送方就可确信接收方已将此同步点之前发送的数据全部接收完毕。会话层中定义了两类同步点。

（1）主同步点

它用于在连续的数据流中划分出对话单元，一个主同步点是一个对话单元的结束和下一个对话单元的开始，只有持有主同步令牌的会话用户才能有权申请设置主同步点。

（2）次同步点

次同步点用于在一个对话单元内部实现数据结构化，只有持有次同步点令牌的会话用户才有权申请设置次同步点。

主同步点与次同步点有一些不同。在重新同步时，只可能回到最近的主同步点，每一个插入数据流中的主同步点都被明确地确认，次同步点不被确认。

活动与同步点密切相关。当一个活动开始的时候，同步顺序号复位到1并设置一个主同步点。在一个活动内有可能设置另外的主同步点或次同步点。

4.异常报告

会话层的另一个特点是报告非期待差错的通用机构。在会话期间报告来自下面网络的异常情况，会话层可以向用户提供许多服务，为使两个会话服务用户在会话建立阶段，能协商所需的确切的服务，将服务分成若干个功能单元。

通用的功能单元包括以下内容：①核心功能单元。提供连接管理和全双工数据运输的基本功能。②协商释放功能单元。提供有次序的释放服务。③半双工功能单元。提供单向数据运输。④同步功能单元。在会话连接期间提供同步或重新同步。⑤活动管理功能单元。提供对话活动的识别、开始、结束，暂停和重新开始等管理功能。⑥异常报告功能单元。在会话连接期间提供异常情况报告。

上述所有功能的执行均有相应的用户服务原语。每一种原语类型都可能具有 request（请求）、indication（指示）、response（响应）和 confirm（确认）四种形式。然而，并非所有的组合都有效。

面向连接的 OSI 会话服务原语有 58 条，划分成 7 组：①连接建立。②连接释放。③数据运输。④令牌管理。⑤同步。⑥活动管理。⑦例外报告。

## 六、表示层

OSI 模型中,表示层以下的各层主要负责数据在网络中传输时不要出错,但数据的传输没有出错,并不代表数据所表示的信息不会出错。例如:你想下午两点从杭州出发去上海,于是你对上海的朋友说,"我下午两点来",可是你的朋友却理解为两点钟到达上海,所以这句话虽然没有听错,却因为不同的理解,产生了完成不同的结果。表示层就专门负责这些有关网络中计算机信息表示方式的问题,表示层负责在不同的数据格式之间进行转换操作,以实现不同计算机系统间的信息交换。

表示层是 OSI 模型的第六层,它对来自应用层的命令和数据进行解释,对各种语法赋予相应的含义,并按照一定的格式传送给会话层。其主要功能是处理用户信息的表示问题,如编码、数据格式转换和加密解密等。

表示层的具体功能如下:①数据格式处理。协商和建立数据交换的格式,解决各应用程序之间在数据格式表示上的差异。②数据的编码。处理字符集和数字的转换。例如,由于用户程序中的数据类型(整型或实型、有符号或无符号等)、用户标识等都可以有不同的表示方式,因此,设备之间需要具有在不同字符集或格式之间转换的功能。③压缩和解压缩。为了减少数据的传输量,这一层还负责数据的压缩与恢复。④数据的加密和解密。可以提高网络的安全性。

## 七、应用层

应用层是 OSI 参考模型的最高层。它是计算机用户,以及各种应用程序和网络之间的接口,其功能是直接向用户提供服务,完成用户希望在网络上完成的各种工作。它在其他六层工作的基础上,负责完成网络中应用程序与网络操作系统之间的联系,建立与结束使用者之间的联系,并完成网络用户提出的各种网络服务及应用所需的监督、管理和服务等各种协议。此外,该层还负责协调各个应用程序间的工作。

应用层为用户提供的服务和协议有文件服务、目录服务、文件传输服务、远程登录服务、电子邮件服务,打印服务、安全服务、网络管理服务、数据库服务等。上述各种网络服务由该层的不同应用协议和程序完成,不同的网络操作系统之间在功能、界面、实现技术、对硬件的支持、安全可靠性以及具有的各种应用程序接口等各个方面的差异是很大的。

应用层的主要功能如下:①用户接口。应用层是用户与网络,以及应用程序与网络间的直接接口,使得用户能够与网络进行交互式联系。②实现各种服务。该层具有的各种应用程序可以完成和实现用户请求的各种服务。

# 第三节　TCP/IP 体系结构

## 一、TCP/IP 参考模型的发展

实际上,TCP/IP 本身是一套协议栈。

ARPA 在 20 世纪 70 年代中期就开始研究互联网技术,到了 70 年代末期形成了基本的框架结构,与今天的形式大致相同。那时,ARPA 是分组交换网络研究的主要资助机构,ARPANET 已经初具规模。最初 ARPANET 主要租用传统的点到点通信线路进行互联。陆续地,ARPA 开始研究在无线、卫星等通信线路上实施分组交换思想。事实上,网络硬件技术的多样性迫使 ARPA 必须去研究网络之间的互联互通问题。

ARPA 资助了很多研究机构去研究这些网际互联的问题,这些研究机构大多在前期参与过研制 ARPANET,具备了分组交换的思想。ARPA 定期开会讨论研究者的思想和实验的研究成果,并成立了一个非正式的组织——互联网研究组。到了 1979 年,更多的研究者参与了进来,于是,AR-PA 成立了一个非正式的委员会——互联网控制与配置委员会(Internet Control and Configuration Board,ICCB),该组织定期召开会议,直到 1983 年被重新组建。

全球性的互联网开始于 1980 年,从那时开始,ARPA 开始在网络内的机器上绑定新的 TCP/IP 协议。这时,ARPANET 变成了互联网的核心网络,它属于最早开展 TCP/IP 实验的网络。到了 1983 年 1 月,美国国防部长办公室要求所有连接到网络中的计算机必须使用 TCP/IP 协议。同时,美国国防通信局(Defense Communication Agency)将 ARPANET 拆分成两个独立的网络,一个用来研究,一个用来军事通信。用来研究的那部分网络仍然沿用 ARPANET 的名字,作为军事通信部分的网络便成了军用网络,改名为 MILNET(military network)。

为了鼓励大学研究者采用新的网络协议,ARPA 将使用费用降到了最低。那时,美国许多大学的计算机系都在使用加利福尼亚大学伯克利软件发布机构研制的 UNIX 操作系统——Berkeley UNIX 或 BSD UNIX。AR-PA 资助 BBN 有限公司在 UNIX 操作系统上实现了 TCP/IP 协议,接着通过给 Berkeley 投资的方式,使其在 UNIX 发布版中集成了 TCP/IP 协议。这样一来,使用 TCP/IP 协议进行通信的大学达到了 90%。恰在此时,许多大学都开始采购第二台、第三台计算机,亟须将这些计算机互联成局域网,通信协议软件成了必需品。

BSD UNIX 也因为集成了 TCP/IP 通信协议而变得更加实用,从而名气大增,促进了这种操作系统的流行。除了标准的 TCP/IP 通信协议软件,Berkeley 还提供了一套网络服务工具,类似于传统的 UNIX 单机服务。Berkeley 的优势在于它与标准 UNIX 非常相似。比如,有一定经验的 UNIX 用户很快能够学会使用 Berkeley 的远程文件复制工具,因为它的操作方式与 UNIX 中的文件复制工具几乎相同,除了它能够将文件复制到远程机器。

BSD UNIX 除了提供大量的网络通信工具外,还提供了一套编程接口——socket,能够允许程序开发人员访问通信协议。另外,套接字接口除了可以使用 TCP/IP 协议之外,还可以选用其他网络协议。套接字这种设计从使用开始,就引起了很多争论,很多操作系统设计者都提出了各自的设计方案,但是由于它不仅有着整体性的优点,而且它允许程序员花费较少的代价就能掌握套接字的开发方法。因此,它激发了更多的研究者参与到了 TCP/IP 的使用中。

TCP/IP 技术的成功和互联网技术的研究吸引了更多的人开始使用它们。20 世纪 70 年代末,国家科学基金会(National Science Foundation,NSF)成立了 CSNET,它的目的是将所有计算机科学家用网络连接起来。从 1985 年开始,它规划使用 6 个超级计算机作为核心形成一个计算机网络。1986 年,NSF 扩展了该网络,资助了一个新的广域主干网,叫作 NSFNET,

它能够与所有的大型计算机通信，并将其连到 ARPANET。最终，在 1986 年，NSF 为各个地区的网络提供种子资金，使得他们可将该地区的主要研究机构连到互联网上。所有 NSF 赞助的网络都采用 TCP/IP 协议，都变成了互联网的一部分。

TCP/IP 互联网协议不是从特定厂家或被公认的专家组中产生出来的，它是由 Internet 结构委员会（Internet Architecture Board，IAB）协调并制订的。

1983 年，ARPA 组建了 IAB，它的最初目标是鼓励参与了 TCP/IP 和 Internet 研究的核心人员交流思想，然后促使人们集中于一个共同的目标。在前 6 年中，IAB 从一个由 ARPA 指定的研究组织演化成为一个自治的团体。IAB 的每个成员都是一个 Internet 任务组的主持者，分管研究某个重要课题。IAB 大约由 10 个任务组组成，它们章程的变化范围很大，从研究不同应用程序引入的通信量负载如何影响 Internet，到研究如何处理短期 Internet 工程问题。IAB 每年开几次会议，听取每个任务组的态势报告、评审和修改技术方向、讨论政策、与 ARPA 和 NSF 之类的资助 Internet 运行及研究的机构代表交换信息等。

IAB 的主席有"因特网设计师"（Internet Architect）的头衔，他负有建议技术方向和协调各任务组活动的责任。在 IAB 的建议下，IAB 主席建立新的任务组，对其他机构来说，他也代表 IAB。

经过最初的 7 年，互联网已经发展了遍布美国和欧洲的数百个区域性网络。它连接了将近 20 000 台计算机，这些计算机遍布了大学、政府机构和科研实验室。互联网的大小和范围一直在以惊人的速度增长。到了 1987 年底，它每个月的增长速度约为 15%。到了 2000 年，互联网已经连接了全球 209 个国家，超过 50 万台计算机。

互联网的发展已经不再局限于政府投资的项目。很多大公司也像计算机公司那样连到了互联网，如石油公司、汽车工业、电子工厂、制药公司、电信公司等。1990 年开始，中小规模的公司也开始接入互联网。虽然有些公司内部没有接入互联网，但是公司的局域网采用的仍然是 TCP/IP 协议。

互联网快速的扩张也带来了许多设计之初没有考虑到的问题，科学家们开始研究如何管理规模巨大的分布式的网络资源。在最初的设计中，计算机在网络中使用的名字和地址是一个手工编写的文件,发布到互联网的每个站点上。到了20世纪80年代中期,数据存放在一个中心数据库显然不够了。首先,越来越多的计算机要连到互联网上,工作人员已经无法满足更新文件的需要。其次,即使中心文件能够及时更新并且准确,网络也没有足够的流量来满足遍布各地的站点来访问这个文件。

为了解决这些问题,科研人员开发了新的协议,并设计了命名系统,使得用户能够自动解析互联网上任意一台机器的名字,这就是著名的域名系统(Domain Name System,DNS),它主要由域名服务器组成,域名服务器负责回答关于名字的问题,名字不再需要集成存放在一台计算机上,它们被分布各个区域中,可以使用TCP/IP协议向它们发送查询信息。

## 二、TCP/IP 的体系结构

参照 ISO 参考模型,TCP/IP 体系结构可以划分为五个概念层次——四个软件层和一个硬件层。

TCP/IP 中通常不涉及硬件层内容,其他四个软件层的概念如下所述。

### (一)应用层

应用层处在最高层,用户调用应用层软件来访问 TCP/IP 互联网提供的服务。应用层软件利用传输层接口发送和接收数据。每个应用层软件都可以选择适合自己的传输服务类型——独立的报文序列和连续字节流两种类型。应用程序将数据递交给运输层。

TCP/IP 模型没有会话层和表示层。因为 TCP/IP 协议设计者认为不需要这两层,所以设计中没有包含这两层。从 OSI 模型的经验来看,这么设计是正确的,因为对大多应用程序来说是没有任何用处的。

应用层在运输层之上。它包含很多高层协议。比如,早期出现的有虚拟终端(TELNET)、文件传输协议(FTP)、电子邮箱协议(SMTP)。虚拟终端协议允许本地机器上的用户登录到远程机器上并操作其程序。文件传输协议提供了一种高效的方式,可将文件数据从一台机器传递到另一台机器上。起初,电子邮箱也是采用文件传输的方式来实现,后来,为收发电子邮件专门开发一种协议——SMTP。经过这么多年的发展,应用层协议变得丰富多彩。

## （二）运输层

运输层主要提供端到端的通信服务。运输层必须可以管控数据流,能够提供可靠的连接服务,保证数据没有错误并且按序到达。为了满足这种服务要求,运输层设计了应答和重传机制。运输层软件将数据流分解为多片(通常称为数据包),然后在每个数据包前加上目的地址后递交给下一层协议。

一个通用的计算机可能会在同一时间有很多应用程序访问互联网。所以运输层必须能够接收多个应用层程序递交的数据,处理后递交给下一层。为此,它为每个数据包增加一些额外的信息和代码,以便能够区分不同的应用层软件,同时还要加上校验码。接收端根据校验和保证数据的完整性和正确性,根据目的地信息确认该交给哪个应用层软件。

TCP/IP 的运输层与 OSI 的运输层相似。它设计了两种端到端的传输协议。第一个是传输控制协议(Transmission Control Protocol,TCP),它是一种可靠的面向连接的协议,它允许互联网中一台机器将字节流无错地传送给另一台机器。TCP 需要进行流量控制,确保高速的发送端不会淹没慢速的接收端。

运输层上另一个协议是用户数据报功议(User Datagram Protocol,UDP),它是一种不可靠的、无连接的协议,主要用在那些自身能够提供 TCP 的各种功能(比如流量控制、序列化)的应用程序。它通常用于那些只需要发送一次信息的应用场合,和那些及时交付要比准备交付更重要的场合,比如视频和语音传输。

## （三）网际层

如前所述,网际层负责网络通信问题。该层是 TCP/IP 体系结构中至关重要的一层。网际层定义了一种数据包交换协议——网际协议(Internet Protocol,IP)。它负责接收运输层的请求,运输层将数据包递交给网际层,由网际层负责发送。它将数据包封装到 IP 数据报中,填写数据包首部,使用选路算法来决定是直接交付数据报还是把它发送给路由器,接着将数据包发送给相应的网卡进行传输。网际层也需要处理到来的数据报,负责检查其有效性,然后使用选路算法来决定是在本地处理还是继续转发。如果目标就是本机,则需本地处理,网际层软件删除数据包首部,递交给相应的运输层软件来处理该数据包。最后,网际层还需要有能力发送和接收互联网控制报文协议(ICMP)的差错和控制报文。

网际层主要负责处理分组路由和拥塞避免等问题,它与 OSI 模型中的网络层类似。

### (四)网络接口层

这是 TCP/IP 软件层次的最底层。该层负责接收 IP 数据报,并将其发给指定的网络。一个网络接口可能包含一个设备驱动(比如,计算机与局域网相连时所需的网卡驱动),也可能包含一个复杂的使用自己的数据链路协议的子系统(比如,由使用高级链路控制协议的主机构成的分组交换网络)。

事实上,TCP/IP 中并没有明确规定网络接口层应该包含哪些功能,它只是规定主机必须通过某种协议连接到网络上,以便可以将 IP 数据包发送到网络中。

# 第四章　局域网与广域网技术

## 第一节　局域网概述

### 一、局域网的定义和特点

（一）局域网的定义

根据网络覆盖地理范围的大小,计算机网络可分为广域网、城域网和局域网。一般来说,局域网的定义为在小范围内将多种通信设备互联起来,实现数据通信和资源共享的计算机网络。

（二）局域网的特点

由于数据传输距离的不同,广域网、城域网和局域网在基本通信机制上有很大的差异,各自具有不同的特点。

局域网区别于广域网和城域网的主要特点如下:

第一,局域网覆盖有限的地理范围,如一个办公室、一幢大楼或几幢大楼之间的地域范围。

第二,局域网是一种数据通信网络,从网络体系结构来看,只包含低三层的通信功能,对应于 OSI/RM 中的物理层、数据链路层和网络层。

第三,局域网中连入的数据通信设备是广义的,包括计算机、终端、电话机、传真机、传感器等多种通信设备。

第四,局域网的数据传输速率高、误码率低。目前局域网的数据传输速率在 10～10 000 Mb/s 之间。

第五,安装、维护、管理简单,可靠性高,价格低廉。

## 二、局域网的分类

计算机网络分类的方法很多,局域网具有自身的特点,下面介绍局域网的分类。

### (一)按照网络转接方式分类

按照网络转接方式的不同,局域网可分为共享介质局域网和交换局域网。共享介质局域网中的各个节点共享共用传输介质,数据以广播方式在网内传输。如果网中有 n 个节点,每个节点可分配到 1/n 总带宽,传统的以太网、令牌环网都是典型的共享介质局域网,为了解决介质争用而引发的冲突,必须采用相应的介质访问控制方法。

交换局域网以交换机为核心部件,每个交换机有多个端口,并具有识别端口地址的功能,数据可在多个端口之间并行传输,从而提高数据传输率。交换式以太网是最常见的一种交换局域网。

### (二)按照介质访问控制方法分类

局域网中最常见的介质访问控制方法是以太网和令牌环网,它们都属于共享介质局域网。以太网采用的介质访问控制方法是 CSMA/CD,通过"监听"和"重传"来解决冲突;令牌环网则是通过"截获令牌"获得数据发送权的方法来避免冲突。

### (三)按照网络资源管理方式分类

按照网络资源管理方式的不同,局域网可分为对等式局域网和非对等式局域网。对等式局域网中所有的节点地位平等,并拥有绝对自主权。任何两个节点之间都可以直接通信和资源共享。非对等式网络中各节点的地位不同,有些节点是服务器,有些节点是工作站。服务器以集中控制的方式管理网络资源,并为工作站提供服务。目前流行的"服务器/客户机"网络应用模型就是非对等式网络。

### (四)按照网络传输技术分类

按照网络传输技术的不同,局域网可分为基带局域网和宽带局域网。基带局域网采用数字信号的基带传输技术,基带信号占据了传输线路的整个频率范围。信号具有双向传输的特征。宽带局域网采用模拟信号的频带信号传输技术,通过频分多路复用技术,每个子频道可传输一路模拟信号,一条信道可同时传输多路模拟信号。宽带传输是单方向的,信号只能沿一个方向传输。

# 三、局域网的拓扑结构

一般来讲,局域网实现的是小范围内的高速数据传输。由于局域网的误码率比广域网低得多,没必要在每一段线路上进行检错,所以局域网常采用广播型的拓扑结构,常见的有总线形、星形和环形。

## (一)总线形拓扑结构

用一条公共通信线路连接起来的布线方式称为总线形拓扑结构。

在总线形拓扑结构中,中央公共的通信线路称为总线。各个计算机通过相应的硬件接口直接连接在总线上,任何一台计算机发出的信息可以沿着总线向两端传播,并且能被网络上的各个计算机所接受。

### 1.总线形拓扑结构网络的访问控制

由于所有的计算机共享一条传输的数据链路,所以在总线形网络上一次只能有一台计算机发送信息。总线形拓扑结构的访问控制发射一般采用分布控制,常用的是 CSMA/CD 与令牌总线形访问控制方式。总线形拓扑的扩展如图 4—1 所示。

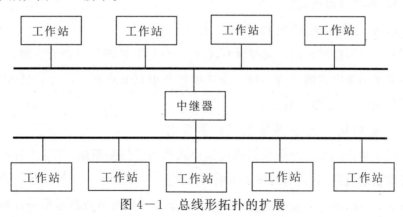

图 4—1　总线形拓扑的扩展

总线具有一定的负责能力,长度有一定的限制,因而总线形拓扑结构连接的计算机台数也有一定的限制。为了扩展计算机的台数,需要在网络中添加其他的设备,如中继器等。

## 2.总线形的信号发射与终结

在总线形网络中,数据发送到整个网络时,信号将从电缆的一端传到另一端,当信号传递到电路的终端时会发生信号的反射,形成反射信号。这种反射信号是非常有害的,它反射回来后与其他计算机发送的信号相互干扰而导致相互无法识别,从而影响计算机之间正常发送和接收信息,导致网络无法使用。

为了阻止这种反射相互蔓延,必须有一个装置吸收这种干扰信号,有一种称为终端匹配器的器件能够起这种作用。电缆的端口可以与计算机相连,可以与其他的电缆连接,也可以与中继器等设备相连,这样,它们都不会产生反射,但是电缆不能有自由的端面,一旦有自由端面,信息就会发生反射导致网络无法正常工作。

## (二)星形拓扑结构

星形拓扑结构是由中央节点与各个计算机连接组成的,各个计算机与中央节点是一种点到点的连接。

星形网络中每台计算机都与中央节点相连,如果计算机需要发送数据或需要与其他计算机通信时,首先必须向中央节点发送一个请求,以便和需要对话的计算机建立连接,一旦连接建立后,两台计算机就像用专用线连接的一样,可以点对点通信。

### 1.星形拓扑结构网络的访问控制

在星形拓扑网络的访问控制中,任何一台计算机都与中央节点相连,因此一般采用集中式的管理。每一个连接涉及中央节点和一台计算机,访问的协议很简单,也很容易实现。

### 2.星形拓扑的中央节点——集线器

星形拓扑网络的中央节点执行集中式的通信控制策略,它接受各个分散计算机的信息,其负担的任务不小,而且它必须具有中继交换和数据处理的能力,因此,中央节点相当复杂而且非常重要。中央节点是星形拓扑网络的传输核心,它的故障会使整个网络无法工作。

星形拓扑网络的中央节点现在已基本成为标准设备的集线器(HUB),

集线器可以分为三种:①能动式集线器。除了起连接作用外,还可以对数据进行放大和传输,具有中继器的作用。②被动式集线器。只能起连接的作用,不能对数据进行放大或者重新生成。③高级集线器。它可以连接多种型号的电缆,使用这种集线器,比较容易扩充,它可以与其他的集线器相连。

### (三)环形拓扑结构

环形拓扑结构网络中的各个计算机通过环接口连接在一个闭合的环形通信线路中,环形拓扑结构网络在物理和逻辑上是一个环路。

环路上的各个计算机均可以请求发送信息,请求一旦被批准,计算机就可以向环路发送数据信息,环形拓扑结构中的数据主要是单向传输。环路上的传输线由各个计算机公用,一台计算机发送信息时必须经过环路的全部接口。只有当传送信息的目标地址与环路上某台计算机的地址相符合时,才被该计算机的环接口所接受,否则,信息传至下一个计算机的环接口。

#### 1.环形拓扑网络的访问控制

环形网络的访问控制一般是分散式的管理,在物理上,环形网络本身就是一个环,因此它适合采用令牌环访问控制方法,有时也有集中式管理,这时,有台设备专门来管理控制。

#### 2.环形拓扑网络的环接口

环形网络中的各个计算机发送信息时都必须经过环路的全部环接口,如果一个环接口有程序故障,整个网络就会瘫痪,所以对环接口的要求比较高。

为了提高可靠性,当一个接口出现故障时,采用环旁通的办法。

# 第二节 以太网

随着个人计算机的广泛应用,多媒体技术和分布计算技术的发展,人们要求通过网络传输的信息量越来越大,而网络数据传输速率成了信息处理的一个瓶颈,因此促使人们研究开发具有高数据传输速率的局域网技术。为了提高数据传输速率,人们从三个方面研究开发了多种方案:第一,提高网络数据传输速率,推动了高速局域网包括快速以太网、FDDI 的发展;第二,将"共享介质方式"改为"交换方式",产生了"交换式局域网"的概念;第三,将大型局域网进行分割,形成多个节点相对较少的子网,再将子网用互联设备互联起来。通过减少子网之间的数据传输,达到提高网络整体性能的目的。

提高网络数据传输速率的第一种方案,是在保留原介质访问控制方法不变的前提下,从技术上提高局域网的数据传输速率。目前,高速以太网的数据传输速率已经从 10 Mb/s 提高到 100 Mb/s、1 000 Mb/s,但它在介质访问控制方法上仍采用 CSMA/CD 的方法。正是这种兼容性使得它和现已安装使用的以太局域网的网络管理软件以及多种应用相兼容,这也可以解释为什么之前的 CSMA/CD 技术在当今快速发展的网络环境中仍然能够继续被采用。

常用的高速以太局域网包括快速以太网和千兆位以太网。

# 一、快速以太网

快速以太网(Fast Ethernet)保持 10Base-T 局域网的体系结构与介质控制方法不变,设法提高局域网的传输速率。其中 100Base-T 以太网只需要在原 10Base-T 网的基础上使用 100Base-T 集线器,用户端的计算机上更换 100 Mb/s 网卡,即可实现升级,而不必改变网络的拓扑结构和布线系统。同时,原来的应用软件和网络软件都可以保持不变,对于目前已大量存在的以太网来说,可以保护现有的投资,因而获得广泛应用。快速以太网的数据传输速率为 100 Mb/s,保留了 10Base-T 的所有特征,包括相同的帧格式,相同的介质访问控制方法 CSMA/CD,相同的接口与相同的组网方法,但采用了很多新技术,例如:减少每比特的发送时间,把原来每个比特发送时间从 100 ns 降低到 10 ns;缩短传输距离并增加线对数量,最大网段缩短到数百米;采用新的编码方法,如 4B/5B 编码。

IEEE 802 委员会为快速以太网建立了 IEEE 802.3u 标准。IEEE 802.3u 标准在 LLC 子层使用 IEEE 802.2 标准,MAC 子层使用 CSMA/CD 方法,重新定义了新的物理层标准 100Base-T。100Base-T 标准采用介质独立接口(Media Independent Interface,MII),设置 MII 的目的是将 MAC 子层与物

理层分隔开来,使得新的物理层标准变化不会影响 MAC 子层。

100Base-T 物理层可采用多种传输介质,并确定了相应的物理层标准,这些标准包括以下内容:100Base-TX,采用五类非屏蔽双绞线,双绞线长度可达 100 m;100Base-T4,采用三类非屏蔽双绞线,双绞线长度可达 100 m;100Base-FX,采用多模或单模光纤,光纤长度根据安装配置的不同,可以为150 m～1 000 m。

100Base-T 的结构如图 4－2 所示。100Base-T 允许工作在半双工或全双工方式下。在全双工方式下,通信双方可以同时发送和接收数据而不会有冲突,此时 CSMA/CD 机制不起作用。半双工方式下仍然需要使用 CS-MA/CD 机制。由于快速以太网的 MAC 帧使用的是 802.3 标准,所以尽管全双工方式下不采用 CSMA/CD 介质访问控制方法,但依然称其为以太网。

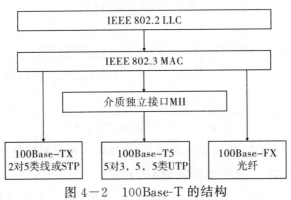

图 4－2　100Base-T 的结构

## 二、千兆以太网

千兆以太网(Gigabit Ethernet)在数据仓库、电视会议、3D 图形与高清晰度图像处理方面有着广泛的应用前景。千兆以太网的传输速率是快速以太网的 10 倍,可达到 1 000 Mb/s,但仍保留着 10Base-T 以太网的所有特征,包括相同的数据帧格式、相同的介质访问控制方法、相同的组网方法,但采用了许多新的技术,包括将每个比特的发送时间降低到1ns。

IEEE 802 委员会为千兆以太网建立了 IEEE 802.3z 标准。该标准在LLC 子层使用 IEEE 802.2 标准,在 MAC 子层使用 CSMA/CD 介质访问控制方法,定义了新的物理层标准 1 000Base-T,并定义了千兆介质专用接口

（Gigabit Media Independent Interface，GMII），它将 MAC 子层与物理层分隔开来。该标准在物理层为多种传输介质确定了相应的物理层标准，这些标准包括以下内容：

第一，1 000Base-T，采用五类非屏蔽双绞线，双绞线长度可达 100 m。

第二，1 000Base-CX，采用屏蔽双绞线，双绞线长度可达 25 m。

第三，1 000Base-LX，采用单模光纤，光纤长度可达 3 000 m。

第四，1 000Base-SX，采用多模光纤，光纤长度可达 300～500 m。

1 000Base-T 的结构如图 4－3 所示。

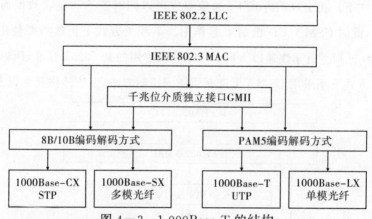

图 4－3　1 000Base-T 的结构

从上图中可看出，物理层在实现 1 000 Mb/s 速率时所使用的传输介质和信号编码方式的变化不会影响 MAC 子层。

千兆以太网可以工作在半双工或全双工方式下。和快速以太网类似，在全双工方式下，通信双方可以同时发送和接收数据而不会有冲突，此时 CSMA/CD 机制不起作用。半双工方式下仍然需要使用 CSMA/CD 机制。

## 三、万兆以太网

IEEE 802.3ae 委员会制定了万兆以太网（10 Gigabit Ethernet），万兆以太网采用的帧格式与传统以太网（10 Mb/s）、快速以太网（100 Mb/s）和千兆以太网（1 Gb/s）的帧格式完全相同。

万兆以太网具有如下一些明显特征：①只能使用光纤作为传输媒介，不支持铜缆连接。②只工作在全双工方式下，因为不存在信道争用问题，不需要使用 CSMA/CD 机制。③使用长距离光收发器和单模光纤接口，传输距离可达到 40 km;如果使用多模光纤,则传输距离只有 65 m～300 m。④采用新定义的物理层技术,物理层分为局域网物理层和广域网物理层。在广域网物理层中,可以实现和 SONET/SDH 的连接。万兆以太网可以利用 SONET/SDH 平稳地通过广域骨干网。

由此可见,万兆以太网的出现,使得以太网的应用范围从局域网扩大到城域网和广域网,使 ATM 网络面临严峻的挑战。

# 第三节　交换式局域网与虚拟局域网

## 一、交换式局域网

交换式局域网是指以数据链路层的帧为数据交换单位,以局域网交换机为基础构成的网络。

### (一)交换式局域网的结构及工作原理

#### 1.结构

以太网是使用最多的局域网,如果将其星形拓扑结构的中心节点采用以太网交换机来替代传统的集线器,则构成交换式以太网。以太网交换机可以有多个端口,每个端口可以单独与一个节点连接,也可以与一个共享式以太网的集线器连接。

#### 2.工作原理

从问题的简化上考虑,假设一个端口只连接一个节点,当某节点需要向另一节点发送数据时,交换机可以在连接发送节点的端口和连接接收节点的端口之间建立数据通道,实现收发节点之间的数据直接传递。同时可以根据需要同时建立多条数据通道,实现交换机端口之间的多个并发数据传输,从根本上改变了共享介质中数据广播及 CSMA/CD 控制的工作方式。它可以明显地增加局域网带宽,改善局域网的性能与服务质量。共享介质方式与交换方式以太局域网工作原理的区别如图 4－4 所示。

总线　　　　　　　　　　　　　　　　交换机

图 4－4　共享介质方式与交换方式以太局域网的工作原理

如果一个端口连接多个 10Base-T 以太网,那么这个端口的带宽将被这个以太网中的多个节点所共享,并且在该端口中仍要使用 CSMA/CD 介质访问控制方法。

## (二)局域网交换机

### 1.局域网交换机工作原理

以太网交换机是交换式以太局域网的核心设备,交换机(Switch)又称为开关、交换器或交换式集线器。以太网交换技术是在多端口网桥的基础上发展起来的,所以也称为"许多联系在一起的网桥"。目前交换机多以全双工模式工作。如果网卡或集线器不接受全双工模式,交换机可以通过自动协调,提供半双工的服务。

以太网交换机工作在 OSI 的数据链路层,它的基本原理是交换机检测从端口接收的数据帧中的源地址和目标地址,根据"端口号/MAC 地址映射表"找出对应帧的输出端口号,从而实现端口之间数据直接传输,并可在交换机多个端口之间进行并发数据传输,避免了共享方式中的冲突。

交换机的每个端口可以连接一个节点,也可以连接由多个节点构成的网段,由于同一时刻可在多个端口之间进行数据传输,每个端口上连接的节点或网段可独享全部带宽。

对于传统的共享式以太网,如果连接 n 个用户,每个用户占用的平均带宽仅为总带宽的 $1/n$,而对于交换式以太网,每个用户可以独占端口的带宽。如果交换机拥有 n 对端口,每个端口带宽为 10Mb/s,则交换机总的带宽为 $(n\times10)$Mb/s。

与传统的网桥相比,交换机配置有更多的端口,具有更好的性能和管理功能。随着交换机技术的发展,工作在数据链路层的交换机也逐渐实现了网络层的路由选择功能,从而形成第 3 层交换的概念。

### 2.以太网交换机的交换方式

以太网交换机的帧交换方式可以分为两类。一是静态交换方式。交换机端口之间的连接是预先设定的,因此两个端口之间的通路是固定不变的,类似于硬件的连接。这种方式常被简易的低档交换机使用。二是动态交换方式。动态交换方式中,两端口之间的通路是动态变化的。以太网交换机根据透明网桥工作原理,基于数据帧中的 MAC 地址,为每一帧临时连接一条通路,当帧传输结束时,通路也自动断开。目前常见的动态交换方式有三种。

（1）存储转发交换方式

存储转发交换方式是交换机中应用最为广泛的方式。进入交换机输入端口的数据帧全部存储在高速缓存，进行CRC（循环冗余码校验）检查后，再根据数据帧的目的地址，查找输出端口，并经该端口的高速缓存转发。由于进行数据帧的错误检测，因此能有效地改善网络性能，但也使得数据处理时延增大。

（2）直通交换方式

为了克服存储转发交换方式时延大的缺点，直通交换方式是当输入端口收到一个数据帧的源地址和目的地址时，立即查找相应的输出端口，把数据包直通转发。其中不做差错检测，不需要全部存储。这种方法的优点是时延非常小，但是不能提供错误检测。

（3）无碎片直通交换方式

以太网中，把由于检测到冲突而停止发送所产生的残缺不全的帧称之为"碎片"，从以太网的MAC帧结构可知，小于64个字节的帧一定是碎片。根据这个原则，将直通交换方式改进成交换机检查数据帧的长度，如果不到64个字节，则丢弃该碎片；如果大于64个字节，再进行转发，但仍不进行数据校验。它的数据处理速度介于存储转发交换方式和直通交换方式之间。

3.交换机的分类

目前以太局域网交换机使用最多，按照交换机端口支持的传输速率可分为以下内容：只支持10 Mb/s端口的交换机；只支持100 Mb/s端口的交换机；只支持1 000 Mb/s端口的交换机；带有10 Mb/s和100 Mb/s端口自适应的交换机。

按照架构形式可分为以下内容：①单台交换机。它不能够堆叠。②可堆叠式交换机。它由单台设备通过相应的集成装置逻辑地组合成1台交换机，端口数量和交换机带宽均可成倍增加。③箱体式交换机。它是可堆叠式交换机进一步的发展。每一单台交换机以模板形式插入箱体中的母板上，组成一个整体，其结构紧凑、扩展容易、可靠性高、维修方便，属于高档交换机。

4.第三层交换机

传统交换机和网桥一样工作在数据链路层，通过分割以太网的冲突域、建立并行传输通道来提高网络的整体效率。但是它们都是基于 MAC 地址来寻址,没有网络层的路由选择能力。当不知道目的地址的 MAC 地址时,只得通过广播方式在多个由网桥或交换机互联的网段之间传递数据帧,此时容易形成"广播风暴",导致网络性能大大下降,甚至瘫痪。

路由器工作在 OSI 参考模型的第三层。它具有路由功能,可以阻止"广播风暴"的发生。但是路由器的效率较低,原因是在处理数据链路层的帧时首先要进行"拆包",即丢弃帧头和帧尾的控制信息,然后才能查到网络层地址进行路由选择,选择输出线路以后,又要重新"封装"成数据链路层的帧,之后才能从链路上发送。特别是对于那些发往同一目的地的数据帧,路由器需要依次为每个数据帧逐个"拆包"和"封装"。显然这种处理耗时较多,加之路由器的大部分功能是由软件实现的,所以整体效率较低。

第三层交换机正是将传统交换机(两层交换机)和路由器的优点相结合而产生的网络互联设备,因为它具有路由功能,故称为第三层交换机。这种交换机的基本工作原理可以用一句话来形象地描述:"一次路由,随后交换。"当某个源节点的第一个数据帧进入第三层交换机之后,交换机的路由功能进行路由选择,并建立一个 MAC 地址和 IP 地址的映射表。该源节点的后续数据帧进入交换机时,不再需要进行路由选择,只需要根据映射表查找到 MAC 地址,直接从第二层——数据链路层转发,从而减少操作层次,加之交换机是基于硬件结构的,因此提高了网络的传输效率。

第三层交换机因为有了路由器的路由功能,可用于虚拟局域网之间的通信,在单位组建的局域网中获得了广泛的应用。

## 二、虚拟局域网

虚拟网技术的出现是和局域网交换技术分不开的。局域网交换技术使用户抛弃了传统的路由器,并在很大程度上代替了人们早已熟知的共享型介质。随着以太网和令牌网交换设备平均端口价格的降低,一些有远见的厂商开始将目光投向大型局域网交换体系。这种网络工作方式非常适合虚拟网技术的应用,并迅速成为降低成本、增加带宽的一种有效手段。

(一)虚拟局域网(VLAN)的定义

VLAN 是一个交换网络,它以功能、工程组成或应用等构架为基础进行划分,可设想为一个存在于一套既定的交换机之内的广播域。

## （二）虚拟局域网的特性

控制通信活动,隔离广播数据,优化网络管理,便于工作组优化组合, VLAN 中的成员只要拥有一个 VLAN ID 就可以不受物理位置的限制,随意移动工作站的位置;增加网络的安全性,VLAN 交换机就是一道道屏风,只有具备 VLAN 成员资格的分组数据才能通过,这比用计算机服务器做防火墙要安全得多;网络带宽得到充分利用,网络性能大大提高。

## （三）虚拟局域网的划分

### 1.根据端口定义划分

最初,许多 VLAN 厂商都利用交换机的端口来划分 VLAN 成员。被设定的端口都在同一个广播域中。例如,一个交换机的 1、2、3、7、8 端口被定义为虚拟网 A,同一交换机的 4、5、6 端口组成虚拟网 B。这样做允许各端口之间的通信,并允许共享型网络的升级。但遗憾的是,这种划分模式将虚拟网限制在了一台交换机上。第二代端口 VLAN 技术允许跨越多个交换机的多个不同端口划分 VLAN,不同交换机上的若干个端口可以组成同一个虚拟网。按交换机端口来划分网络成员,其配置过程简单明了。因此,迄今为止,仍然是最常用的一种方式。但是,这种方式不允许多个 VLAN 共享一个物理网段或交换机端口。而且,更糟糕的是,如果某一个用户从一个端口所在的虚拟网移动到另一个端口所在的虚拟网,网络管理员需要重新进行设置。这对于拥有众多移动用户的网络来说是不可想象的。

### 2.根据 MAC 地址定义划分

按 MAC 地址定义的 VLAN 有其特有的优势。因为 MAC 地址是捆绑在网络接口卡上的,所以这种形式的虚拟网允许网络用户从一个物理位置移动到另一个物理位置,并且自动保留其所属虚拟网段的成员身份。同时,这种方式独立于网络的高层协议(如 TCP/IP、IP、IPX 等)。因此,从某种意义上讲,利用 MAC 地址定义虚拟网可以看成是一种基于用户的网络划分手段。这种方法的一个缺点是所有的用户必须被明确地分配给一个虚拟网。在这种初始化工作完成之后,对用户的自动跟踪才成为可能。然而,在一个拥有成千上万用户的大型网络中,如果要求管理员将每个用户都一一划分到某一个虚拟网,这实在是太困难了。因此,有些厂商便将这项配置 MAC 地址的复杂劳动推给网络管理工具。这些网络管理工具可以根据当前网络的使用情况,在 MAC 地址的基础上自动划分虚拟网。

### 3. 基于网络层的 VLAN

基于网络层的虚拟网使用协议（如果网络中存在多协议的话）或网络层地址（如 TCP/IP 中的子网段地址）来确定网络成员的划分。

利用网络层定义虚拟网有以下几点优势：

第一，这种方式可以按传输协议划分网段，这对于希望针对具体应用和服务来组织用户的网络管理员来说无疑是非常有诱惑力的。

第二，用户可以在网络内部自由移动而不用重新配置自己的工作站，尤其是使用 TCP/IP 的用户。

第三，这种类型的虚拟网可以减少由于协议转换而造成的网络延迟。

当然，缺点也是有的。与利用 MAC 地址的形式相比，基于网络层的虚拟网需要分析各种协议的地址格式并进行相应的转换。因此，使用网络层信息来定义虚拟网的交换机要比使用数据链路层信息的交换机在速度上占劣势。而且，这种差异在绝大多数网络产品中都存在。另外，虽然按网络层划分的虚拟网对于使用 TCP/IP 协议的用户群来说是十分有效的。但是，像 IPX、DECnet、AppleTalk 这样的协议运行在这种虚拟网络结构中似乎就不太合适了。再者，对于某些"无法路由"的协议，如 NetBIOS，按网络层定义虚拟网就更困难了。运行不可路由的协议的工作站是不能被识别的，因此也就不能成为虚拟网的一员。

需要注意的是，虽然这种类型的虚拟网是建立在网络层基础上的，但交换机本身并不参与路由工作。当一个交换机捕捉到一个 IP 包，并利用 IP 地址确定其身份时，没有任何与路由有关的计算产生。RIP 以及 OSPF 等路由传输协议也不被采用，交换机只是作为一个高速网桥，简单地利用扩展树算法将包转发给下一个节点上的交换机，这样看来，基于网络层的虚拟网之间的连接应该看成是一个类似于桥的拓扑结构。

### 4. 根据 IP 广播组划分

根据 IP 广播组定义，任何属于同一 IP 广播组的计算机都属于同一虚拟网。虚拟网是这样建立的：当 IP 包广播到网络上时，它将被传送到一组 IP 地址的受托者。这组被明确定义的广播组是在网络运行中动态生成的，任何一个工作站都有机会成为某一个广播组的成员。只要它对该广播组的广播确认信息给予肯定的回答。所有加入同一个广播组的工作站被视为同一个虚拟网的成员。然而，它们的这种成员身份可根据实际需求保留一定的时间。因此,利用 IP 广播域来划分虚拟网的方法给使用者带来了巨大的灵活性和可延展性。而且,在这种方式下,整个网络可以非常方便地通过路由器扩展网络规模。

（四）虚拟局域网的通信

VLAN 中的网络用户是通过 LAN 交换机来通信的,一个 VLAN 中的成员看不到另一个 VLAN 中的成员。同一个 VLAN 中的所有成员共同拥有一个 VLAN ID,组成一个虚拟局域网络。同一个 VLAN 中的成员均能收到同一个 VLAN 中的其他成员发来的广播包,但收不到其他 VLAN 中成员发来的广播包。不同 VLAN 成员之间不可以直接通信,需要通过路由支持才能通信,而同一 VLAN 中的成员通过 VLAN 交换机可以直接通信,不需要路由支持。

# 第四节　广域网技术

## 一、广域网技术基础

广域网(WAN)通常跨接很大的物理范围,它能连接多个城市或国家并能提供远距离通信。通常广域网的数据传输速率比局域网低,而信号的传播延迟却比局域网要大得多。广域网的典型速率是从 56 kb/s 到 155 Mb/s,现在已有 622 Mb/s、2.4 Gb/s 甚至更高速率的广域网;传播延迟可从几毫秒到几百毫秒(使用卫星信道时)。

（一）数据通信网的交换方式

对于计算机和终端之间的通信来说,交换是一个重要的问题。如果人们想远程登录计算机,若没有交换机,只能采用点对点的通信。为避免建立多条点对点的信道,就必须使计算机和某种形式的交换设备相连。交换又称转接,这种交换通过某些交换中心将数据进行集中和转送,可以大大节省通信线路。在当前的数据通信网中,有三种交换方式,那就是电路交换、报文交换和分组交换。一个通信网的有效性、可靠性和经济性直接受网中所采用的交换方式的影响。

1. 电路交换

在数据通信网发展初期,人们根据电话交换原理,发展了电路交换方式。当用户要发信息时,由源交换机根据信息要到达的目的地址,把线路接到那个目的交换机。这个过程称为线路接续,是由所谓的联络信号经存储转发方式完成的,即根据用户号码或地址(被叫),经中继线传送给被叫交换机并转被叫用户。线路接通后,就形成了一条端对端(用户终端和被叫用户终端之间)的信息通路,在这条通路上双方即可进行通信。通信完毕,由通信双方的某一方,向自己所属的交换机发出拆除线路的要求,交换机收到此信号后就将此线路拆除,以供别的用户呼叫使用。

由于电路交换的接续路径是采用物理连接的,在传输电路接续后,控制电路就与信息传输无关,所以电路交换方式的主要有以下优点:第一,信息传输延迟小,就给定的接续路由来说,传输延迟是固定不变的;第二,信息编码方法、信息格式以及传输控制程序等都不受限制,即可向用户提供透明的通路。

电路交换的主要缺点是电路接续时间长、线路利用率低,目前电路交换方式的数据通信网是利用现有电话网实现的,所以数据终端的接续控制等信号要与电话网兼容。

### 2.报文交换

20世纪60年代和70年代,在数据通信中普遍采用报文交换方式,这种技术目前仍普遍应用在某些领域(如电子信箱等)。为了获得较好的信道利用率,出现了存储—转发的想法,这种交换方式就是报文交换。它的基本原理是用户之间进行数据传输,主叫用户不需要先建立呼叫,而先进入本地交换机存储器,等到连接该交换机的中继线空闲时,再根据确定的路由转发到目的交换机。由于每份报文的头部都含有被寻址用户的完整地址,所以每条路由不是固定分配给某一个用户,而是由多个用户进行统计复用。

报文交换的主要优点有以下几点:第一,发送端和接收端在通信时不需要建立一条专用的通路,临时动态选择路径;第二,与电路交换相比,报文交换没有建立线路和拆除线路所需的等待和延时;第三,线路利用率高,多个报文可以分时共享一条线路;第四,报文交换可以根据线路情况选择不同的速度高效地传输数据,这是电路交换所不能的;第五,数据传输的可靠性高,每个节点在存储转发中,都进行差错控制,即检错纠错。

报文交换存在的缺点是,在报文交换中,若报文较长,需要较大容量的存储器,若将报文放到外存储器中去,会造成响应时间过长,增加网络延迟时间。

### 3.分组交换

分组交换仍旧采用存储转发传输方式,即首先把来自用户的信息文电暂存于存储装置中,并划分为多个一定长度的分组,每个分组前边都加上固定格式的分组标题,用于指明该分组的发端地址、收端地址及分组序号等。

分组交换的主要优点是:第一,分组交换方式具有电路交换方式和报文交换方式的共同优点。第二,以报文分组作为存储转发的单位,分组在各交换节点之间传送比较灵活,交换节点不必等待整个报文的其他分组到齐,一个分组一个分组地转发。这样可以大大压缩节点所需的存储容量,也缩短了网络时延。第三,较短的报文分组比长的报文可大大减少差错的产生,提高了传输的可靠性。

## (二)多路复用技术

在数据通信系统或计算机网络系统中,传输媒体的带宽或容量往往超过传输单一信号的需求,为了有效地利用通信线路,一个信道同时传输多路信号,这就是所谓的多路复用技术(Multiplexing)。采用多路复用技术能把多个信号组合起来在一条物理信道上进行传输,在远距离传输时可大大节省电缆的安装和维护费用,频分多路复用(Frequency Division Multiplexing,FDM)和时分多路复用(Time Division Multiplexing,TDM)是两种最常用的多路复用技术。

### 1.频分多路复用

在物理信道的可用带宽超过单个原始信号所需带宽情况下,可将该物理信道的总带宽分割成若干个与传输单个信号带宽相同(或略宽)的子信道,每个子信道传输一路信号,这就是频分多路复用。多路原始信号在频分复用前,先要通过频谱搬移技术将各路信号的频谱搬移到物理信道频谱的不同段上,即信号的带宽不相互重叠,这可以通过采用不同的载波频率进行调制来实现。

### 2.时分多路复用

若媒体能达到的位传输速率超过传输数据所需的数据传输速率,则可采用时分多路复用技术,即将一条物理信道按时间分成若干个时间片轮流地分配给多个信号使用。每一时间片由复用的一个信号占用,而不像频分多路复用那样,同一时间同时发送多路信号。这样,利用每个信号在时间上的交叉就可以在一条物理信道上传输多个数字信号,这种交叉可以是位一级的,也可以是由字节组成的块或更大的信息组进行交叉。

时分多路复用不仅仅局限于传输数字信号,也可以同时交叉传输模拟信号。另外,对于模拟信号,有时可以把时分多路复用和频分多路复用技术结合起来使用。一个传输系统,可以分成许多条子通道,每条子通道再利用时分多路复用技术来细分。在宽带局域网络中可以使用这种混合技术。

## 二、异步传输模式简介

在 20 世纪 80 年代中期,人们已经开始进行快速分组交换的实验,建立了多种命名不相同的模型,欧洲重在图像通信,把相应的技术称为异步时分复用(ATD),美国重在高速数据通信,把相应的技术称为快速分组交换(FPS),国际电联经过协调研究,于 1988 年将其正式命名为 Asynchronous Transfer Mode(ATM)技术,推荐其为宽带综合业务数据网 B-ISDN 的信息传输模式。

ATM 是一种传输模式,在这一模式中,信息被组织成信元,因包含来自某用户信息的各个信元不需要周期性出现,这种传输模式是异步的。

ATM 信元是固定长度的分组,共有 53 个字节,分为两个部分,如图 4—5 所示。

图 4—5  ATM 信元结构

前面 5 个字节为信头,主要完成寻址的功能。后面的 48 个字节为信息段,用来装载来自不同用户、不同业务的信息。话音、数据、图像等所有的数字信息都要经过切割,封装成统一格式的信元在网中传递,并在接收端恢复成所需格式。

由于 ATM 技术简化了交换过程,去除了不必要的数据校验,采用易于处理的固定信元格式,所以 ATM 交换速率大大高于传统的数据网,如

X.25、DDN、帧中继等。

　　另外，对于如此高速的数据网，ATM 网络采用了一些有效的业务流量监控机制，对网上用户数据进行实时监控，把网络拥塞发生的可能性降到最小。对不同业务赋予不同的"特权"，如语音的实时性特权最高、一般数据文件传输的正确性特权最高，网络对不同业务分配不同的网络资源，这样不同的业务在网络中才能做到"和平共处"。

# 第五章 计算机网络接入技术

## 第一节 接入网概述

### 一、接入网定义

接入网是指从端局到用户之间的所有机线设备。接入网有时也称本地环路、用户网、用户环路系统。由于各国经济、地理、人口分布的不同,用户网的拓扑结构也各不相同。一个典型的用户环路结构可以用图 5—1 表示。其中主干电缆段一般长数千米(很少超过 10 km),分配电缆长数百米,而引入线通常仅数十米而已。

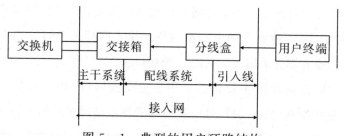

图 5—1 典型的用户环路结构

接入网包括市话端局或远端交换模块(RSU)与用户之间的部分,主要完成交叉连接、复用和传输功能。接入网一般不含交换功能。有时从维护的角度将端局至用户之间的部分统称为接入网,不再计较是否包含 RSU。

一个接入网可以连接多个业务节点,接入网既可以接入支持特别业务的业务节点,也可以接入支持同种业务的多个业务节点,原则上对接入网可以实现的用户网络接口和业务节点接口的类型和数目没有限制。

## 二、接入网的接口

接入网的接口有用户网络接口(UNI)、业务节点接口(SNI)及网络管理接口(如 Q3 接口)。

UNI 在接入网的用户侧,支持各种业务的接入,如模拟电话接入、N-ISDN 业务接入、B-ISDN 业务接入以及租用线业务的接入。对于不同的业务采用不同的接入方式,对应不同的接口类型。

SNI 在接入网的业务侧,对不同的用户业务,提供对应的业务节点接口,使业务能与交换机相连。交换机的用户接口分为模拟接口(Z 接口)和数字接口(V 接口),V 接口经历了 V1 接口到 V5 接口的发展。V5 接口又分为 V5.1 和 V5.2 接口。

Q3 接口是 TMN 与电信网各部分相连的标准接口。作为电信网的一部分,接入网的管理也必须符合 TMN 的策略。接入网是通过 Q3 与 TMN 相连来实施 TMN 对接入网的管理与协调,从而提供用户所需的接入类型及承载能力。

核心业务网目前主要分语音网和数据网两大类。语音网通常指公共电话网(PSTN),是一种典型的电路型网络。接入网接入 PSTN 时多数采用 V5.2 接口,也有部分采用 V5.1、Z、U 等接口。

传统的数据通信网主要包括公用分组交换网(PSPDN)、数字数据网(DDN)和帧中继网(FR)三种,可以看到这三种数据网是通信网发展过程中的过渡性网络。DDN 是电路型网络,而 PSPDN 和 FR 是分组型网络。接入网在接入这些网络时,一般采用 E1、V.24、V.35、2B1QU 接口,其余类型的接口使用较少。现有的综合类的接入网大多有上述接口,运营企业在选择接口时应主要考虑各业务网接口的资源利用率和业务的灵活接入。

用户的随机性包含两方面的含义:第一,用户的空间位置是随机的,也就是用户接入是随机的;第二,用户对业务需求的类型是随机的,也就是业务接入是随机的。核心网是提供业务的网络,用户是业务的使用者,接入网所起的作用是将核心网各类业务接口适配和综合,然后承载在不同的物理介质上传送分配给用户。

## 三、接入网的功能模型

接入网可分为五个基本的功能模块:用户接口功能模块、业务接口功能模块、核心功能模块、传送功能模块及管理功能模块。

用户接口功能模块将特定 UNI 的要求适配到核心功能模块和管理功能模块。其功能包括以下几点:①终结 UNI 功能;A/D 转换和信令转换(但不解释信令)功能;②UNI 的激活和去激活功能;③UNI 承载通路/承载能力处理功能;④UNI 的测试和用户接口的维护、管理、控制功能。

业务接口功能模块将特定 SNI 定义的要求适配到公共承载体,以便在核心功能模块中加以处理,并选择相关的信息用于接入网中管理模块的处理。其功能包括以下几点:①终结 SNI 功能;②将承载通路的需要、应急的管理和操作需要映射进核心功能;③特定 SNI 所需的协议映射功能;④SNI 的测试和业务接口的维护、管理、控制功能。

核心功能模块位于用户接口功能模块和业务接口功能模块之间,适配各个用户接口承载体或业务接口承载体要求进入公共传送载体。其功能包括以下几点:①接入承载通路的处理功能;②承载通路的集中功能;③信令和分组信息的复用功能;④ATM 传送承载通路的电路模拟功能;⑤管理和控制功能。

传送功能模块在接入网内的不同位置之间为公共承载体的传送提供通道和传输媒质适配。其功能包括以下内容:①复用功能;②交叉连接功能(包括疏导和配置);③物理媒质功能及管理功能等。接入网系统管理功能模块对接入网中的用户接口功能模块、业务接口功能模块、核心功能模块和传送功能模块进行指配、操作和管理,也负责协调用户终端(经 UNI)和业务节点(经 SNI)的操作功能。其功能包括以下内容:①配置和控制功能;②供给协调功能;③故障检测和故障指示功能;④使用信息和性能数据采集功能;⑤安全控制功能;⑥资源管理功能。接入网系统管理功能模块经 Q3 接口与 TMN 通信,以便实时接受监控,同时为了实时控制的需要,也经 SNI 与接入网系统管理功能模块进行通信。

## 四、接入网的结构

接入网一般分为三层：即主干层、配线层和引入层，在实际应用或建网初期，可能只有其中的一层或两层，但引入层是必不可少的。

主干层以环形网为主。每个主干层的节点数一般不超过 12 个，建议大城市主干层采用 144 芯以上光缆，中城市和乡镇的主干层光缆可适减。配线层有树形网、星形网、环形网和总线形网，其中重要用户可采用环形或单星形网。为便于向宽带业务升级，建议有条件的地方尽量采用无源光纤网（无源双星结构）。配线层光缆一般为 12～24 芯，智能大楼和乡镇网可用 6～8 芯。引入层可以与综合布线建设相结合，可以用光缆、铜线双绞线或五类电缆等。

由于大城市和沿海发达地区业务量发展较快、种类繁多、用户密集，可采用以端局为中心的环形结构。视各端局具体情况，可设置多层环或多个主干环。主干环以大容量同步数字传输系统为主，重要用户备双重路由，各小区节点分别按区域划分，接入主干环。由于中小城市和农村用户密度较低，业务种类简单，宽带新业务需求较少，可暂时采用星形结构，视具体业务及环境选择有源双星或无源双星网，待用户和业务发展后再逐步建立环形网。

# 第二节　光纤接入技术

## 一、光纤接入技术概述

所谓光接入网（OAN）是指采用光纤传输技术的接入网，泛指本地交换机或远端模块与用户之间采用光纤通信或部分采用光纤通信的系统。通常，OAN 指采用基带数字传输技术，并以传输双向交互式业务为目的的接入传输系统，将来应能以数字或模拟技术升级传输带宽广播式和交互式业务。在北美，美国贝尔通信研究所规范了一种称为光纤环路系统（FITL）的概念，其实质和目的与 ITU-T 所规定的 OAN 基本一致，两者都是指电话公司采用的主要适用于双向交互式通信业务的光接入网结构。

从发展的角度来看,前述的各种接入技术都只是一种过渡性的措施。在很多宽带业务需求尚不确定的近期,这些技术可以暂时满足一部分较有需求的新业务的提供。但是,如果要真正解决宽带多媒体业务的接入,就必须将光纤引入接入网。

众所周知,光纤通信的优点是以极大的传输容量使众多电路通过复用共享较贵的设备,从而使得每话路的费用大大低于其他的通信方法。毫无疑问,线路越长,传输信号的带宽越宽,采用光纤通信技术也就越有利。

在以前的通信网络中,光纤主要应用于长途和局间通信,而用户系统引入光纤从成本竞争上讲则很不利,但现在的情况出现了以下变化:

第一,大容量的数字程控交换设备的应用使得大的交换局交换成本降低,从而导致接入网向大的方向发展。

第二,电信业务从单一的话音业务向声音、数据和活动图像相结合的多媒体宽带业务转变,使得接入线路的传输带宽需求不断地增加。

第三,光纤通信的高速发展和激烈的市场竞争使得光通信用光纤、系统和器件等设备的价格急剧降低,进一步提高了光纤通信在接入网中的竞争能力。

这些变化无疑有利于在接入网中引入光纤。在这方面,目前比较成熟的技术是传统的数字环路载波系统(DLC),这种系统以光纤取代通常距离较长的电缆,在业务量相对集中的地方敷设进行光电转换和配置用户接口的远端站(RT),再以铜线或无线将业务引到用户。

DLC系统的最大问题是在接入网的交换机侧增加了多余的数/模和模/数转换设备。为此,ITU-T最新提出了V5接口建议(G.964,G.965)。通过V5标准接口,接入网与本地交换机采用数字方式直接相连,这将能够方便地提供新业务,改善通信质量和服务水平,大大减少接入网的建设费用,提高设备的集中维护、管理和控制功能,加速接入网网络升级的进程。

总之,光纤数字环路载波系统只能支持窄带业务,不能满足提供视频等宽带业务的要求,为此又提出了既能提供目前所需的窄带业务,又能适应今后宽带业务要求的光接入网的概念。

## 二、有源光网络接入技术

在各种宽带光纤接入网技术中,采用了SDH/MSTP技术的接入网系统是应用最普遍的。这种系统可称之为有源光接入,主要是为了与基于无源光网络(PON)的接入系统相对比。PDH光接入技术、SDH/MSTP光接入技术、ATM光接入技术、以太网光接入技术等都可以应用于有源光网络。

有数字表明,目前55%到用户的光纤采用的是SDH/MSTP技术,在两年内将有73%连到用户的光纤采用SDH/MSTP技术。SDH技术自从20世纪90年代引入以来,至今已经是一种成熟、标准的技术,在骨干网中被广泛采用,而且价格越来越低。在接入网中应用SDH/MSTP技术,可以将SDH/MSTP技术在核心网中的巨大带宽优势和技术优势带入接入网领域,充分利用SDH/MSTP同步复用、标准化的光接口、强大的网管能力、灵活网络拓扑能力和高可靠性带来好处,在接入网的建设发展中长期受益。

但是,干线使用的机架式大容量SDH/MSTP设备不是为接入网设计的,如直接搬到接入网中使用还比较昂贵,接入网中需要的SDH/MSTP设备应是小型、低成本、易于安装和维护的,因此应采取一些简化措施,降低系统成本,提高传输效率,更便于组网。并且,接入网中的SDH/MSTP已经靠近用户,对低速率接口的需求远远大于对高速率接口的需求,因此,接入网中的新型SDH设备应提供STM-0子速率接口。目前,一些厂家已经研制出了专用于接入网的SDH/MSTP设备,这些新设备有着很好的发展前景。

SDH/MSTP技术在接入网中的应用虽然已经很普遍,但仍只是FTTC(光纤到路边)、FTTB(光纤到楼)的程度,光纤的巨大带宽仍然没有到户。因此,要真正向用户提供宽带业务能力,单单采用SDH/MSTP技术解决馈线、配线段的宽带化是不够的,在引入线部分仍需结合采用宽带接入技术。可分别采用FTTB/C+XDSL、FTTB/C+Cable Modem、FTTB/C+局域网接入等方式,分别为居民用户和公司、企业用户提供业务。

接入网用SDH/MSTP的最新发展方向是对IP业务的支持。这种新型SDH/MSTP设备配备了LAN接口,将SDH/MSTP技术与低成本的LAN技术相结合,提供了灵活带宽,解决了SDH/MSTP支路接口及其净负荷能力与局域网接口不匹配的问题,主要面向商业用户和公司用户提供透明LAN 互联业务和 ISP 接入,很适合目前数据业务高速发展的需求。目前已有一些厂家开发出了这种设备。

（一）接入网对 SDH/MSTP 设备的要求

在接入网中应用 SDH/MSTP 是一个发展趋势。最近几年,虽然 SDH/MSTP 传输体制在全世界范围内广泛地发展,但 SDH/MSTP 还是被集中地用于主干网上,在接入网中应用得较少,其原因是在本地环路上使用 SDH/MSTP 显得过于昂贵。但目前,点播电视、多媒体业务和其他带宽业务如雨后春笋纷纷出现,这为 SDH/MSTP 在接入网中的应用提供了广阔的空间,SDH/MSTP 应用在接入网中的时机已经成熟,用户的需求正是 SDH/MSTP 进入接入网的可靠保证和市场推动力。

目前,国内很多地区本地网和接入网都已经光纤化,使在接入网中应用SDH/MSTP 已具有了基础。虽然由于光接入网的业务透明性,国际电信联盟(ITU-T)目前还未对其传输体制进行限制,使光接入网只连通交换机和用户,不像干线网那样形成网间的互通。但是由于运营管理的需要,接入网的传输体制仍然需要标准化,需要以一种最合适的传输体制统一接入网的传输,因此 SDH/MSTP 必将以其能够满足高速宽带业务的优点成为今后光接入网的主要传输体制。

虽然 SDH/MSTP 系统应用在接入网中是一个必然的发展趋势,但是直接就将目前的 SDH 系统应用在接入网中会造成系统复杂,而且还造成极大的浪费,因此人们需要解决以下几方面的问题。

1. 系统方面

在干线网中,一个 PDH 信号作为支路装入 SDH/MSTP 线路时,一般需要经历几次映射和一次(或多次)指针调整才可以。而在接入网应用中,一般只需经过一次映射而不必再进行指针调整。由于接入网相对于干线网简单,可以简化目前的 SDH/MSTP 设备,降低其成本。

2. 速率方面

由于 SDH/MSTP 的标准速率为 155 520 kbit/s、622 080 kbit/s、2 488 320 kbit/s、9 953 280 kbit/s,而在接入网中应用时,由于数据量比较小,过

高的速率很容易造成浪费,因此需要规范低于 STM-1 的一些比较低的速率便于在接入网中应用。

3. 指标方面

由于接入网信号传送范围小,故各种传输指标要求低于核心网。

4. 设备方面

目前,按照 ITU-T 建议和国标所生产的 SDH/MSTP 设备,一般包括电源盘、公务盘、时钟盘、群路盘、交叉盘、连接盘、2M 支路盘和 2M 接口盘等,而在接入网中应用时并不需要这么多功能,因而可以进行简化。

5. 网管方面

由于干线网相当复杂,因而造成 SDH/MSTP 子网网管系统也相当复杂,而接入网相对而言很简单,目前不需要太全面的网管能力,因而可以有很大的简化空间。

6. 保护方面

在干线网中,SDH/MSTP 系统有的采用通道保护方式,有的采用复用段共享保护方式,有的两者都采用。而在接入网中,由于没有干线网那么复杂,因而采用最简单、最便宜的二纤单向通道保护方式就可以了,这样也将节省开支。

只要解决好以上问题,便宜又实用的 SDH/MSTP 系统就可以在接入网中广泛地应用起来,多媒体业务就可以走进千家万户。

(二)综合宽带接入的解决方案——IBAS 系统

考虑到接入网对成本的高度敏感性和运行环境的恶劣性,适用于接入网的 SDH/MSTP 设备必须是高度紧凑、低功耗和低成本的新型系统。基于这一思路的新一代综合宽带接入系统 IBAS(烽火通信公司开发)已经进网服务,IBAS 系统通过 V5 接口或 DLC 完成窄带接入,通过插入不同的接口卡直接向用户提供 10 M/100 M 以太网接口或 270 M DVB 数字图像接口,不需 ATM 适配层就能直接把宽带业务映射到 SDH 帧中,并能半动态/动态地按需分配带宽($N\times E1$ 或 $N\times T1$),以适应不同业务接口需要,从而有效地提高带宽利用率,真正实现宽窄带接入兼容,是理想的综合宽带接入解决方案。IBAS 真正做到了宽带接入和窄带接入相兼容,整个设备结构紧凑、便于拼装、采用统一的小型化机盘,两种规格的单元机框,可根据用户需要组装成壁挂式、台式、柜式或 19 英寸机架式,结构形式灵活多样。IBAS 具有标准的 SDH 支路接口。T1 和 T3 接口用于 SONET,El(2 Mbit/s)支路接口与 V5 接入设备配合可实现窄带业务接入。符合 SDH 体制标准,能与任一厂家的 STM-4 或 STM-16 互联,还能平滑升级到 STM-4。具有 155 Mbit/s 光/电分支支路功能,利用 155 Mbit/s 光分支盘可以形成光分路。利用 155 Mbit/s 电分支盘可复用到上一级传输设备,提高系统组网的灵活性。

## 三、无源光网络接入技术

在光纤用户网的研究中,为了满足用户对于网络灵活性的要求,1987 年英国电信公司的研究人员最早提出了 PON 的概念。后来由于 ATM 技术发展及其作为标准传递模式的地位,研究人员开始注意到把 ATM 技术运用到 PON 的可能性,并于 20 世纪 90 年代初提出了 APON 的建议。

### (一)PON 基本概念和特点

在光接入网(OAN)中若光配线网(ODN)全部由无源器件组成,不包括任何有源节点,则这种光接入网就是 PON。OLT 为光线路终端,它为 ODN 提供网络接口并连至一个或多个 ODN。ODN 为光配线网,它为 OLT 和 ONU 提供传输手段。ONU 为光网络单元,它为 OAN 提供用户侧接口并和 ODN 相连。如果 ODN 全部由光分路器(optical splitter)等无源器件组成,不包含任何有源节点,则这种光接入网就是 PON,其中的光分路器也称为光分支器(Optical Branching Device,OBD)。

由于受历史条件、地貌条件和经济发展等各种因素影响,实际接入网中的用户分布非常复杂。为了降低建造费用和提高网络的运行效率,实际的 OAN 拓扑结构往往比较复杂。根据 OAN 参考配置可知,OAN 由 OLT、ODN 和 ONU 三大部分组成。OAN 的拓扑结构取决于 ODN 的结构。通常 ODN 可归纳为单星形、多星形(树形)、总线形和环形等四种基本结构。相应地,PON 也具有这四种基本拓扑结构。

**1.单星形结构**

SS 相当于光分路器设在 OLT 里的 PDS,如图 5-2 所示,因此,它没有 PDS 中的馈线光缆。OLT 输出的信号光通过紧连着它的光分路器均匀分到各个 ONU,故它适合于 OLT 邻近周围均匀分散的用户环境。

PON 的基本结构为中心局(CO)、光线路终端(OLT)、光分支器(OBD)。

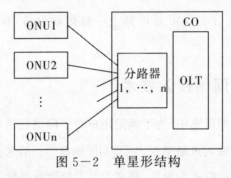

图 5-2    单星形结构

**2.多星形(树形)结构**

多星形结构也叫树形结构,它的 ODN 像是由很多 PDS 的分支器(OBD)串联而成。连接 OLT 的第一个 OBD 将光分成 $n_1$ 路,每路通向下一级的 OBD,如最后一级的 OBD 分 $n_i$ 路,连向 $n_i$ 个 ONU,则这种结构可连接的 ONU 总数为 $n_1+n_2+...+n_i$。因此,它是以增加光功率预算的要求来扩大 PON 的应用范围。

这种结构中所用的串联 OBD 有均匀分光和按额定的比例分光两种,均匀分光 OBD 构成的网络一般称为多星形,非均匀分光 OBD 构成的网络则常称为树形,总之,这两种结构比较接近。对于通常的接入网用户分布环境,这两种结构的应用范围最广。

**3.总线形结构**

总线形结构通常采用非均匀分光的 1×2 或 2×2 型光分路器沿线状排列。OBD 从光总线中分出 OLT 传输的光信号,并将每个 ONU 传出的光信号插入到光总线。非均匀的光分路器只引入少量的损耗给总线,并且只从光总线中分出少量的光功率。分路比由最大的 ONU 数量、ONU 最小的输入光功率之类的具体要求确定。这种结构非常适合于沿街道、公路线状分布的用户环境。

### 4.环形结构

环形结构相当于总线形结构组成的闭合环,因此其信号传输方式和所用器件和总线形结构差不多。但由于每个 OBD 可从两个不同的方向通到 OLT,故其可靠性大大优于总线结构。

通常,环形结构不被认为是一种独立的基本拓扑结构,它可看成是两个总线结构的结合,而单星形结构和多星形结构也被认为是树形结构的特例。故上述四种拓扑结构也可概括为树形和总线形两种最基本的结构。

选择 PON 的拓扑结构应考虑的主要因素有以下几点:用户的分布拓扑、OLT 和 ONU 的距离、提供各种业务的光通道、可获得的技术、光功率预算、波长分配、升级要求、可靠性有效性、运行和维护、安全和光缆的容量等。

## (二)PON 技术的种类

在以点到多点拓扑结构为基础的无源光网络取代以点到点的有源光网络的过程中,多种 PON 技术相继涌现。随着 APON/BPON 的出现,到 EPON、GPON,再到下一代 PON 技术的研究,统一遵循了带宽从窄到宽的发展趋势。PON 技术除了常用时分复用外还有其他的复用形式。

### 1.副载波复用 PON

副载波复用技术是一种已相当成熟的电频分复用技术。这种副载波信号可方便地将激光器进行幅度调制,可传输模拟信号,也可传数字信号,而且扩容方便。以副载波复用技术为基础的无源光网络(SCM-PON)可方便地接入窄带信号和宽带信号,是向宽带接入网升级的方案之一。

SCM-PON 中,从 OLT 到 ONU 的下行方向上传输的是以 155 Mbit/s 为基础的广播基带信号。每个 ONU 接入一个 STM-1 基带信号,并可在 TDM 基础上进一步接入宽带副载波信号。在上行方向上采用副载波多址 (SCMA)技术来处理多点对点的传输。这样,当其中一个 ONU 需要扩容时,只需将宽带副载波加在该 ONU 上,而不影响其他 ONU 的业务,各个 ONU 只需与相应副载波的容量相一致,而不影响整个 PON 的功率分配与带宽。此外,SCMA 还排除了 TDMA 的测距问题带来的麻烦。

SCM-PON 的主要缺点是对激光器要求较高。为了避免信息带内产生的交叉调制,而对 ONU 中激光器的非线性有一定要求:一是要求 ONU 能自动调节工作点,以减轻给 OLT 副载波均衡带来的麻烦。二是相关强度噪声(RIN)。多个 ONU 激光器照射在一个 OLT 接收机上,这种较高的 RIN 积累限制了系统性能的改进。三是光拍频噪声。当两个或多个激光器的光谱叠加,照射 OLT 光接收机时,就可能产生光拍频噪声,从而导致瞬间误码率增加。要克服这些弊病,就使得 SCM 的电路较复杂。

SCM-PON 仍在研究试验之中,窄带 SCM-PON 已进入现场试验,对于宽带 SCM-PON 升级技术和应用前景问题尚需进一步实验和验证。

### 2. 波分复用 PON

波分复用技术可有效利用光纤带宽,以密集波分复用为基础的无源光纤网(WDM-PON)是全业务宽带接入网的发展方向,ITU-T 对此已有新的参考标准 G.983.3。

WDM-PON 采用多波长窄谱线光源提供下行通信,不同的波长可专用于不同的 ONU。这样,不仅具有良好的保密性、安全性和有效性,而且可将宽带业务逐渐引入,逐步升级。当所需容量超过了 PON 所能提供的速率时,WDM-PON 不需要使用复杂的电子设备来增加传输比特率,仅需引入一个新波长就可满足新的容量要求,利用 WDM-PON 升级时,可以不影响原来的业务。

在远端节点,WDM-PON 采用波导路由器代替了光分路器,减小了插入损耗,增加了功率预算余量,这样就可以增加分路比,服务更多的用户。

目前存在的主要问题是组件成本太高。一个是路由器,现已基本成熟,正在考虑降价之中,但最贵的部分是多波长发送机,这种发送机可由精心挑选的 DFB-LD 组成,这些激光器分别带有独立的调温装置,使其发送波长与路由器匹配,达到所要求的间隔。这种发送机性能很好,但电路复杂,价格也贵。集成光发送机正在研究之中,由 16 个激光器和集成的合波器组成的 DFB-LD 阵列发送机已有样品上市。高性能低成本的发送机是 WDM-PON 的关键课题。

构成 WDM-PON 的上行回传通道有 4 种方案可供选择。第一种是在 ONU 也用单频激光器,由位于远端节点的路由器将不同 ONU 送来的不同波长的信号回传到 OLT。第二种是利用下行光的一部分在 ONU 调制，从第二根光纤上环回上行信号，ONU 没有光源。第三种是在 ONU 用 LED 类的宽谱线光源，由路由器切取其中的一部分。由于 LED 功率很低，需要与光放大器配合使用。第四种是与常规 PON 一样，采用多址接入技术，如 TD-MA、SCMA 等。

### 3. 超级 PON

电信网的发展趋势是减少交换节点数量，扩大接入网的覆盖范围，这就要求接入网传输距离要远，服务的用户要多。用多级串联的无源分路器与光放大器相结合是解决方案之一，这就是超级无源光纤网（SPON）。

普通的 PON 的分路比一般为 16～32，传输距离 20 km 左右，传输速率为 155～622 Mbit/s。超级 PON 的传输距离可达 100 km，包括 90 km 的馈线和 10 km 的分支线，总分路比为 2 048，下行速率为 2.5 Gbit/s，上行速率为 311 Mbit/s。该系统采用动态带宽分配技术，可为 15 000 个用户提供传统的窄带和交互宽带业务。在馈线段采用两根光纤单向传输，以避免双向串音干扰，而在分支段仍可用单根光纤双向传输。

超级 PON 覆盖面大，用户多，可靠性非常重要。在所有有光放大器的光中继单元（ORU）都设置一个 ONU，用以完成对 ORU 的运行、维护以及突发模式控制，另外是采用 2×N 分路器，在馈线段形成环形网，或直接将局端放在两个中心局交换机上。

超级 PON 可以用 WDM 附加信道来升级，也可以提升 TDMA 的速率。方法之一是在分路器的光中继单元的下行方向引入固定波长选路功能，在上行方向加入固定波长转换机制。这样，在馈线段就能以不同波长支持若干个 TDM/TDMA 信道，而在分支段只有一个 TDM/TDMA 信道。这就可以逐步增加 PON 的总带宽，实现平稳升级。

如前所述，现今使用的宽带 PON 典型分路系数在 32 以下，距离最大可达 20 km，传输速度达到 622 Mbit/s。然而，考虑到中心网络的长远发展，接入网的规模将大大增加，100 km 的距离已在期望之中。另外，由于交换节点的费用主要由用户线决定，接入的用户数应最小化，因此需要接入网在一个 LT 上复用更大数目的用户（大约 2 000 户）。

建立如此宽范围、高分路系数的接入网的一种可能的途径是以一串无源光分路器的级联代替本地交换机,由于此网络的功率预算大幅度增长,需要引入光放大器来弥补附加损耗,这样的有源器件被称作光再生单元(ORU)。使用光放大器代替电子器件的一个重要优点,是它对格式和比特率是透明的,而且可以通过波分复用(WDM)对它们实现宽带升级。

由欧洲投资的高级通信技术和业务(ACTS)工程 AC050"PLANET"正在开发一种被称为 Super PON 的接入网,其目的是达到 2 000 的分路系数和 1 000 km 的距离。此项目的目标是论证高分路系数、宽范围 PON 的技术和经济可行性。为此,将进行总体研究,定义和规范该新型接入网的各个方面,如突发模式的光放大、恢复、发展方案、升级策略、费用等。通过此演示系统展示了宽范围、高分路系数接入网的双向光传输。最后将在布鲁塞尔进行小规模的现场试验,于 SuperPON 网上演示各种交互式多媒体业务。此次现场实验系统的目标是 100 km 馈线、10 km 引入线和 2 048 的分路系数;支持下行 2.4 Gbit/s 和上行 311 Mbit/s。计算表明,此带宽足以为 1 500 个用户服务(将传统的窄带业务和宽带业务等均考虑在内,实行动态带宽分配)。另外,允许每个 ONU 连接若干个用户的 FTTC/FTTB 配置在这种结构中也是可行的。

为了对上行和下行通道进行复用,在引入线部分优先选择单纤 WDM 传输,双纤双向传输用在网络的馈线部分,因此避免了 WDM 的合波/分波损耗和双向串话干扰,而且网络的这一部分光纤相当短。另外,每一个 ORU 包括一个 ONU,由其完成 O&M 任务和对 ORU 进行突发模式控制,通过这种方式利用带内通道,经济有效地实现对光放大器的监控。实现 SuperPON 的主要技术问题是光再生、可靠性和网络升级等,上述问题尚有待于进一步研究。

# 第三节　铜线接入技术

## 一、铜线接入技术概述

### (一)模拟调制解调器接入技术

模拟调制解调器是利用电话网模拟交换线路实现远距离数据传输的传

统技术。从传输速率为 300 bit/s 的 Bell103 调制解调器到 33.6 kbit/s 的 V.34 调制解调器,经过了数年的发展历程。随着因特网的迅猛发展,拨号上网用户要求提高上网速率的呼声日涨,56 kbit/s 的调制解调器应运而生。56 kbit/s Modem 又称 PCM Modem,与传统 Modem 在应用上的最大不同,是在拨号用户与 ISP 之间只经过一次 A/D 和 D/A 转换,即仅在用户与电话程控交换机间使用一对 Modem,交换机与 ISP 间为数字连接。

PCM Modem 有两个关键技术:一是多电平映射调制技术,二是频谱成型技术。多电平映射调制是采用一组 PAM 调制,从 A 律(或 P 律)PCM 编码 256 个电平中选择部分电平作调制星座映射,调制符号率为 8 kHz。使用频谱成型技术,目的是抑制发送信号中的直流分量,减少混合线圈中的非线性失真。早期的 56 kbit/s Modem 主要有两大工业标准:一个是 X2 标准,另一个是 K56flex 标准,两者互不兼容。国际电联电信标准局(ITU-T)第 16 研究组(SG16)1998 年 9 月正式通过了 V.90。已投入使用的 X2 或 K56flex Modem 均可以通过软件升级的方法实现与 V.90 Modem 的兼容。

传统的 V 系列话带 Modem 的速率从 V.21(300 bit/s)发展到 V.90(上行 33.6 kbit/s,下行 56 kbit/s),已经接近话带信道容量的香农极限,这样慢的速率远远不能满足用户的需要。要提高铜线的传输速率,就要扩展信道的带宽,话带 Modem 占用话音频带,使用时不能在同一条铜线上打电话,而且用户不能一直和因特网保持连接,因此迫切需要一种新的技术来解决这些问题。

## (二)窄带综合业务数字网(N-ISDN)接入技术

N-ISDN 也是一种典型的窄带接入的铜线技术,它比较成熟,提供 64 kbit/s、128 kbit/s、384 kbit/s、l.536 kbit/s、l.920 kbit/s 等速率的用户网络接口。N-ISDN 的发展与互联网的发展有很大的关系,主要是利用 2B＋D 来实现电话和互联网接入,利用 N-ISDN 上网时的典型下载速率在 8 000 b/s 以上,基本上能够满足目前互联网浏览的需要,使 ISDN 成为广大互联网用户提高上网速度的一种经济而有效的选择。目前 N-ISDN 主要优点是其易用性和经济性,既可满足边上网边打电话,又可满足一户二线,同时还具有永远在线的技术特点。

用户网络接口中有两个重要因素,即通道类型和接口结构。通道表示接口信息传送能力。通道根据速率、信息性质以及容量可以分成几种类型，称为通道类型。通道类型的组合称为接口结构，它规定了在该结构上最大的数字信息传送能力。

根据 CCITT 的建议，在用户网络接口处向用户提供的通路有以下类型：①B 通路：64 kbit/s，供用户传递信息用。②D 通路：16 kbit/s 和 64 kbit/s，供用户传输信令和分组数据用。③H0 通道：384 kbit/s，供用户信息传递用（如立体声节目、图像和数据等）。④H11 通道：1 536 kbit/s，供用户信息传递用（如高速数据传输、会议电视等）。⑤H12 通道：1 920 kbit/s，供用户信息传递用（如高速数据传输、图像会议电视等）。

### （三）线对增容技术

线对增容是利用普通电话线对在交换局与用户终端之间传送多路电话的复用传输技术。早期的线对增容传输系统使用频分复用模拟载波的方式，因其传输性能较差，已经基本被淘汰。现在的线对增容传输系统借助 ISDN 的 U 接口，使用时分复用的数字传输技术，并配合使用高效话音编码技术，提高了用户线路的传输能力。目前使用最多的线对增容传输系统是在一对用户线上传送四路 32 kbit/s 的 ADPCM 话音信号，即 0+4 线对增容系统。

线对增容传输系统的网络结构如图 5－3 所示，线对增容传输系统直接使用 ISDN U 接口的电路，ITU-TI.412 建议规范了 U 接口的传送能力。

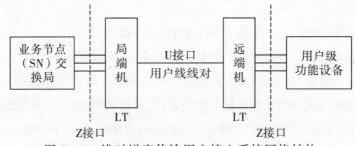

图 5－3　线对增容传输用户接入系统网络结构

## 二、数字用户线采用的复用与调制技术

数字用户线（Digital Subscriber Line，DSL）中使用的主要关键技术有复用技术和调制技术，普通铜缆电话线的传输数据信号的调制技术有 2B1Q 调

制、CAP 调制和 DMT 调制。其中 ISDN 使用 2B1Q 调制技术，HDSL 使用 2B1Q 和 CAP 调制技术，常用的是 2B1Q 技术，ADSL 一般使用 DMT 调制，也有厂家的产品采用 CAP 调制。

　　复用技术为了建立多个信道，ADSL 可通过两种方式对电话线进行频带划分：一种方式是频分复用（FDM），另一种是回波消除（EC）。这两种方式都将电话线 0～4 kHz 的频带用作电话信号传送，对剩余频带的处理，两种方法则各有不同。FDM 方式将电话线剩余频带划分为两个互不相交的区域：一端用于上行信道，另一端用于下行信道。下行信道由一个或多个高速信道加入一个或多个低速信道以时分多址复用方式组成，上行信道由相应的低速信道以时分方式组成。EC 方式将电话线剩余频带划分为两个相互重叠的区域，它们也相应地对应于上行和下行信道。两个信道的组成与 FDM 方式相似，但信号有重叠，而重叠的信号靠本地回波消除器将其分开。频率越低，滤波器越难设计，因此上行信道的开始频率一般都选在 25 kHz，带宽约为 135 kHz。在 FDM 方式中，下行信道一般起始于 240 kHz，带宽则由线路特性、调制方式和传输数据率决定。EC 方式由于上、下行信道是重叠的，使下行信道可利用频带增宽，但这也增加了系统的复杂性，一般在使用 DMT 调制技术的系统才运用 EC 方式。

　　国际上广泛采用的 ADSL 调制技术有三种：正交幅度调制（QAM）、无载波幅度/相位调制（CAP）和离散多音（DMT）。

（一）QAM 调制技术

　　QAM 是基于正交载波的抑制载波振幅调制，每个载波间相差 90°。QAM 调制器的工作原理是发送数据在比特/符号编码器内被分成两路（速率各为原来的 1/2），分别与一对正交调制分量相乘，求和后输出。与其他调制技术相比，QAM 编码具有能充分利用带宽、抗噪声能力强等优点。

　　QAM 用于 ADSL 的主要问题是如何适应不同电话线路之间性能较大的差异性。要取得较为理想的工作特性，QAM 接收器需要一个和发送端具有相同的频谱和相位特性的输入信号用于解码。QAM 接收器利用自适应均衡器来补偿传输过程中信号产生的失真，因此采用 QAM 的 ADSL 系统的复杂性主要来自它的自适应均衡器。

　　QAM 是一种对无线、有线或光纤传输链路上的数字信息进行编码的方式,这种方法结合了振幅和相位两种调制技术。QAM 是多相位移相键控的一种扩展,多相位移相键控也是一种相位调制方法,这二者之间最基本的区别是在 QAM 中不出现固定包络,而在相移键控技术中则出现固定的包络,由于其频谱利用率高的性能而采用了 QAM 技术。QAM 可具有任意数量的离散数字等级。常见的级别有:QAM-4、QAM-16、QAM-64、QAM-256。

### (二)CAP 调制技术

CAP 调制技术是以 QAM 调制技术为基础发展而来的,可以说它是 QAM 技术的一个变种。输入数据被送入编码器,在编码器内,m 位输入比特被映射为 k=2 m 个不同的复数符号 $A_n=a_n+jb_n$ 由 k 个不同的复数符号构成 k-CAP 线路编码。编码后 $a_n$ 和 b 被分别送入同相和正交数字整形滤波器,求和后送入 D/A 转换器,最后经低通滤波器信号发送出去。

CAP 技术用于 ADSL 的主要技术难点是要克服近端串音对信号的干扰,一般可通过使用近端串音抵消器或近端串音均衡器来解决这一问题。CAP 是基于 QAM 的调制方式,上、下行信号调制在不同的载波上,速率对称型和非对称型的 xDSL 均可采用。

V.34 等模拟 Modem 也采用 QAM,它和 CAP 的差别在于其所利用的频带。V.34 Modem 只用到 4 kHz,而 ADSL 方式中的 CAP 要利用 30 kHz~1 MHz 的频带。频率越高,其波形周期越小,故可提高调制信号的速率(即数据传输速率)。CAP 中的无载波(Carrierless)是指生成载波(Carrier)的部分(电路和 DSP 的固件模块)不独立,它与调制/解调部分合为一体,使结构更加精练。

### (三)DMT 调制技术

DMT 调制技术的主要原理是将频带(0~1.104 MHz)分割为 256 个由频率指示的正交子信道(每个子信道占用 4 kHz 带宽),输入信号经过比特分配和缓存,将输入数据划分为比特块,经 TCM 编码后再进行 512 点离散傅立叶逆变换(IDFT)将信号变换到时域,这时比特块将转换成 256 个 QAM 子字符。随后对每个比特块加上循环前缀(用于消除码间干扰),经数/模变换(D/A)和发送滤波器将信号送入信道。

ADSL 技术的数据传输能力优于 ISDN 线路技术和 HDSL 技术,而且还具有速率的自适应性和较好的抗干扰能力。ADSL 之所以能充分利用普通双绞电话线的传输潜力,在于它使用了 DMT 调制技术,在设备初始化过程中进行了收发器训练和子信道分析,同时在使用中动态调节各个信道的功率和传输比特数,达到最优的传输速率。

## 三、高速数字用户环路接入技术

### (一)基本原理

高速数字用户环路(HDSL)传输技术是一种基于现有铜线的技术,它采用了先进的数字信号自适应均衡技术和回波抵消技术,以消除传输线路中近端串音、脉冲噪声、波形噪声以及因线路阻抗不匹配而产生的回波对信号的干扰,从而能够在普通电话双绞铜线(两对或三对)上全双工传输 E1 速率数字信号,无中继传输距离可达 3 km～5 km。接入网中采用 HDSL 技术应基于以下因素:①充分利用现有的占接入网网络资源 94% 的铜线,比较经济地实现了用户的接入;②在大中城市地下管道不足、机线矛盾突出并在短期内难以解决的地区,可在较短时间内实现用户线增容;③传输速率和传输距离有限,只能提供 2 Mbit/s 以下速率的业务。

### (二)系统组成及参考配置

图 5-4 规定了一个与业务和应用无关的 HDSL 接入系统的功能参考配置示例,该参考配置是以两线对为例的,但同样适合于三线对或其他多线对的 HDSL 系统。

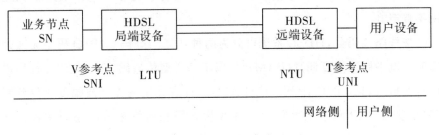

图 5-4　HDSL 的参考配置

HDSL 线路终端单元为 HDSL 系统的局端设备,提供系统网络侧与业务节点 SN 的接口,并将来自业务节点的信息流透明地传送给位于远端用户侧的 NTU 设备。LTU 一般直接设置在本地交换机接口出处。NTU 的作用是为 HDSL 传输系统提供直接或远端的用户侧接口,将来自交换机的用户信息经接口传送给用户设备。在实际应用中,NTU 可能提供分接复用、集中或交叉连接的功能。

信息在 LTU 和 NTU 之间的传送过程如下：①应用接口（I）。在应用接口，数据流集成在应用帧结构（G. 704,32 时隙帧结构）中。②映射功能块（M）。映射功能块将具有应用帧结构的数据流插入 144 字节的 HDSL 帧结构中。③公共电路（C）。在发送端，核心帧被交给公共电路，加上定位、维护和开销比特，以便在 HDSL 帧中透明传送核心帧。④再生器是可选功能块。在接收端，公共电路将 HDSL 帧数据分解为帧，并交给映射功能块，映射功能块将数据恢复成应用帧，通过应用接口传送。

### （三）HDSL 系统分类

HDSL 技术的应用具有相当的灵活性，在基本核心技术的基础上，可根据用户需要改变系统组成，目前与具体应用无关的 HDSL 系统也有很多类型。

按传输线对的数量分，常见的 HDSL 系统可分为两线对和三线对系统两种。在两线对系统中，每线对的传输速率为 1 168 kbit/s,利用三线对传输，每对收发器传输速率为 784 kbit/s。三线对系统由于每线对的传输速率比两线对的低，因而其传输距离相对较远，一般情况下传输距离增加 10%。但是，由于三线对系统增加了一对收发信机，其成本也相对较高，并且该系统利用三线对传输，占用了更多的网络线路资源。综合比较，建议在一般情况下采用两线对 HDSL 传输。另外，HDSL 还有四线对和一线对系统，其应用不普遍。

按线路编码分，HDSL 系统可分为两种：①2B1Q 码。2B1Q 码是无冗余度的 4 电平脉冲幅度调制（PAM）码，属于基带型传输码，在一个码元符号内传送 2 bit 信息。②CAP 码。CAP 码是一种有冗余的无载波幅度相位调制码，目前的 CAP 码系统可分为二维八状态码和四维十六状态码两种。在HDSL 系统中广泛应用的是二维八状态格栅编码调制（TCM），数据被分为5 个比特一组与 1 比特的冗余位。

从理论上讲，CAP 信号的功率谱是带通型，与 2B1Q 码相比，CAP 码的带宽减少了一半，传输效率提高一倍，由群时延失真引起的码间干扰较小，受低频能量丰富的脉冲噪声及高频的近端串音等的干扰程度也小得多，因而其传输性能比 2B1Q 码好。从实验室条件下的测试表明，在 26 号线（0.4

mm 线径)上,2B1Q 码系统最远传输距离为 3.5 km,CAP 码系统最远传输距离为 4.4 km。

CAP 码系统有着比 2B1Q 码系统更好的性能,但价格上相对较贵,因此 2B1Q 系统和 CAP 系统各有各的优势。

### (四)接口

在接入网中,HDSL 局端设备 LTU 可经过 V5 接口与交换机相接。当交换机不具备 V5 接口时,和交换机的接口可以是 Z 接口、ISDN U 接口、租用线节点接口或其他应用接口。相应地,在远端,HDSL 远端设备可经由 T 参考点与用户功能级设备或直接与用户终端设备相连,其接口可为 X.21、V.35、Z 等应用接口。HDSL 的网管接口暂不作规定,HDSL 设备的网管信息一般由 RS-232 接口报告给网管中心。

### (五)HDSL 的业务支持能力

HDSL 是一种双向传输的系统,其最本质的特征是提供 2 Mbit/s 数据的透明传输,因此它支持净负荷速率为 2 Mbit/s 以下的业务,在接入网中,它能支持的业务有:ISDN 基群率接入(PRA)数字段,普通电话业务(POTS)等。

### (六)HDSL 系统的特点

HDSL 最大的优点是充分利用铜线资源实现扩容以及在一定范围内解决部分用户对宽带信号的需求。HDSL 可提供接近于光纤用户线的性能,采用 2B1Q 码,可保证误码率低于 $1 \times 10^{-7}$,加上特殊外围电路,其误码率可达 $1 \times 10^{-9}$。采用 CAP 码的 HDSL 系统性能更好。另外,当 HDSL 的部分传输线路出现故障时,系统仍然可以利用剩余的线路实现较低速率的传输,从而减小了网络的损失。

初期投资少,安装维护方便,使用灵活。HDSL 传输系统的传输介质就是市话铜线,不需要加装中继器及其他相应的设备,也不必拆除线对原有的桥接配线,无须进行电缆改造和大规模的工程设计工作。同时 HDSL 系统也无须另配性能监控系统,其内置的故障性能监控和诊断能力可进行远端测试和故障隔离,从而提高了网络维护能力。系统升级方便,可较平滑地向光纤网过渡。HDSL 系统的升级策略实际上就是设备更新,用光网取代 HDSL 设备,而被取代的 HDSL 设备可直接转到异地使用。

# 四、VDSL 接入技术

鉴于现有 ADSL 技术在提供图像业务方面的带宽十分有限以及经济上的成本偏高的弱点,近来人们又进一步开发了一种称为甚高比特率数字用户线(VDSL)的系统,有人称之为宽带数字用户线(BDSL)系统,其系统结构图与 ADSL 类似。

ITU-T SG15 Q4 一直在致力于 VDSL 的标准化工作,并通过了其第一个基础性的 VDSL 建议 G.993.1。为规范和推动 VDSL 技术在我国的应用和推广,传送网和接入网标准组于 2002 年初开始研究制定我国 VDSL 的行业标准。此标准的起草由中国电信集团公司牵头,国内六家设备制造商和研究机构参与,于 2002 年年底发布。此标准在参考相关国际标准的基础上,从 VDSL 技术的应用出发,对 VDSL 的频段划分方式、功率谱密度、线路编码、传输性能、设备二层功能、网管需求等重要内容进行了规定。由于电话铜缆上的频谱是一种重要资源,频段划分方式决定了 VDSL 的传送能力(速率和距离的关系),进而决定 VDSL 的业务能力,因此频段划分方式的确定成为 VDSL 标准制定过程中最为重要的内容。

## (一)VDSL 系统构成

VDSL 计划用于光纤用户环路(FTTL)和光纤到路边(FTTC)的网络的"最后一公里"的连接。FTTL 和 FTTC 网络需要有远离中心局(Central Office,CO)的小型接入节点,这些节点需要有高速宽带光纤传输,通常一个节点就在靠近住宅区的路边,为 10～50 户提供服务。这样,从节点到用户的环路长度就比 CO 到用户的环路短。

远端 VDSL 设备位于靠近住宅区的路边,它对光纤传来的宽带图像信号进行选择复制,并和铜线传来的数据信号和电话信号合成,通过铜线送给位于用户家里的 VDSL 设备。位于用户家里的 VDSL 设备,将铜线送来的电话信号、数据信号和图像信号分离送给不同终端,同时将上行电话信号与数据信号合成,通过铜线送给远端 VDSL 设备。远端 VDSL 设备将合成的上行信号送给交换局。在这种结构中,VDSL 系统与 FTTC 结合实现了到达用户的宽带接入。值得注意的是,从某种形式上看,VDSL 是对称的。目前,VDSL 线路信号采用频分复用方式传输,同时通过回波抵消达到对称传输或达到非常高的传输速率。

目前,光纤系统的应用已相当广泛,VDSL 就是为这些系统而研究的。也就是,采用 VDSL 系统的前提条件是:以光纤为主的数字环路系统必须占有主要地位,本地交换到用户双绞铜线减到很少。

## (二)VDSL 的关键技术

### 1. 传输模式

VDSL 的设计目标是进一步利用现有的光纤满足居民对宽带业务的需求。ATM 将作为多种宽带业务的统一传输方式。除了 ATM 外,实现 VDSL 还有其他的几种方式。VDSL 标准中以铜线/光纤为线路方式定义了三种主要的传输模式。

#### (1)同步转移模式

同步转移模式(Synchronous Transport Module,STM)是最简单的一种传输方式,也称为时分复用(TDM),不同设备和业务的比特流在传输过程中被分配固定的带宽,与 ADSL 中支持的比特流方式相同。

#### (2)分组模式

在这种模式中,不同业务和设备间的比特流被分成不同长度、不同地址的分组包进行传输;所有的分组包在相同的"信道"上,以最大的带宽进行传输。

#### (3)ATM 模式

ATM 在 VDSL 网络中可以有三种形式。第一种是 ATM 端到端模式,它与分组包类似,每个 ATM 信元都带有自身的地址,并通过非固定的线路传输,不同的是 ATM 信元长度比分组包小,且有固定的长度。第二种和第三种分别是 ATM 与 STM、ATM 与分组模式的混合使用,这两种形式从逻辑上讲是 VDSL 在 ATM 设备间形成了一个端到端的传输模式。光纤网络单元用于实现各功能的转换。利用现在广泛使用的 IP 网络,VDSL 也支持 ATM 与光纤网络单元和分组模式的混合传输方式。

### 2. 传输速率与距离

由于将光纤直接与用户相连的造价太高,因此光纤到户(FTTH)和光纤到大楼(FTTB)受到很多的争议,由此产生了各种变形,如光纤到路边(FTTC)及光纤到节点(FTTN)(用一个光纤连接 10～100 个用户)。有了这些变形,就不必使光纤直接到用户了,许多模拟本地环路可由双绞线组成,这些双绞线从本地交换延伸到用户家中。

从传输和资源的角度来考虑,VDSL 单元能够在各种速率上运行,并能够自动识别线路上新连接的设备或设备速率的变化。无源网络接口设备能够提供"热插入"的功能,即一个新用户单元接入线路时,并不影响其他调制解调器的工作。

VDSL 所用的技术在很大程度上与 ADSL 相类似。不同的是,ADSL 必须面对更大的动态范围要求,而 VDSL 相对简单得多;VDSL 开销和功耗都比 ADSL 小;用户方 VDSL 单元需要完成物理层媒质访问控制及上行数据复用功能。从 HDSL 到 ADSL,再到 VDSL,xDSL 技术中的关键部分是线路编码。

在 VDSL 系统中经常使用的线路编码技术主要有以下几种:①无载波调幅/调相技术(CAP)。②离散多音频技术(DMT)。③离散小波多音频技术(DWMT)。④简单线路码(SLC),这是一种 4 电平基带信号,经基带滤波后送给接收端。以上四种方法都曾经是 VDSL 线路编码的主要研究对象,但现在,只有 DMT 和 CAP/QAM 作为可行的方法仍在讨论中,DWMT 和 SLC 已经被排除。

早期的 VDSL 系统,使用频分复用技术来分离上、下信道及模拟话音和 ISDN 信道。在后来的 VDSL 系统中,使用回波抵消技术来满足对称数据速率的传输要求。在频率上,最重要的就是要保持最低数据信道和模拟话音之间的距离,以便模拟话音分离器简单而有效。在实际系统中,都是将下行信道置于上行信道之上,如 ADSL。

VDSL 下行信道能够传输压缩的视频信号。压缩的视频信号要求有低时延和时延稳定的实时信号,这样的信号不适合用一般数据通信中的差错重发算法,为在压缩视频信号允许的差错率内,VDSL 采用带有交织的前向纠错编码,以纠正某一时刻由于脉冲噪声产生的所有错误,其结构与 TI.413 定义的 ADSL 中所使用的结构类似。值得注意的问题是,前向差错控制(FEC)的开销(约占 8%)是占用负载信道容量还是利用带外信道传送。前者降低了负载信道容量,但能够保持同步;后者则保持了负载信道的容量,却有可能产生前向差错控制开销与 FEC 码不同步的问题。

如果用户端的 VDSL 单元包含了有源网络终端,则将多个用户设备的上行数据单元或数据信道复用成一个单一的上行流。有一种类型的用户端网络是星形结构,将各个用户设备连至交换机或共用的集线器,这种集线器可以继承到用户端的 VDSL 单元中。

VDSL 下行数据有许多分配方法。最简单的方法是将数据直接广播给下行方向上的每一个用户设备(CPE),或者发送到集线器,由集线器把数据进行分路,并根据信元上的地址或直接利用信号流本身的时分复用将不同的信息分开。上行数据流复用则复杂得多,在无源网络终端的结构中,每个用户设备都与一个 VDSL 单元相连接。此时,每个用户设备的上行信道将要共享一条公共电缆。因此,必须采用类似于无线系统中的时分多址或频分多址将数据插入到本地环路中。TDMA 使用令牌环方式来控制是否允许光纤网络单元中的 VDSL 传输部分向下行方向发送单元或以竞争方式发送数据单元,或者两者都有。FDMA 可以给每一个用户分配固定的信道,这样可以不必使许多用户共享一个上行信道。FDMA 的方法的优点是消除了媒质访问控制所用的开销,但是限制了提供给每个用户设备的数据速率,或者必须使用动态复用机制,以便使某个用户在需要时可以占用更多的频带。对使用有源网络接口设备的 VDSL 系统,可以把上行信息收集到集线器,由集线器使用以太网协议或 ATM 协议进行上行复用。

### (三)VDSL 的应用

与 ADSL 相同,VDSL 能在基带上进行频率分离,以便为传统电话业务(POTS)留下空间。同时传送 VDSL 和 POTS 的双绞线需要每个终端使用分离器来分开两种信号。超高速率的 VDSL 需要在几种高速光纤网络中心点设置一排集中的 VDSL 调制解调器,该中心点可以是一些远距离光纤节点的中心局。因此,与 VTU-R 调制解调器相对应的调制解调器称为 VTU-O,它代表光纤馈线。

从中心点出发,VDSL 的范围和延伸距离分为下面几种情况:①对于 25 Mbit/s 对称或 52 Mbit/s、6.4 Mbit/s 非对称的 VDSL,所覆盖服务区半径约为 300 m。②对于 13 Mbit/s 对称或 26 Mbit/s、3.4 Mbit/s 非对称的 VDSL,所覆盖服务区半径约为 800 m。③对于 6.5 Mbit/s 对称或 13.5 Mbit/s、1.6 Mbit/s 非对称的 VDSL,所覆盖服务区半径约为 1.2 km。

VDSL 实际应用的区域（或者说覆盖区域），比中心局所提供服务的区域（3 km）小得多，VDSL 所覆盖的服务区域被限制在整个服务区域较小的比例上，这严重地限制了 VDSL 的应用。

VDSL 应用既可以来自于中心局，也可以来自光纤网络单元（ONU）。这些节点通常应用并服务于街道、工业园以及其他具有较高电信业务量模式的区域，并利用光纤进行连接。连接用户到 ONU 的媒质可以是同轴电缆、无线连接，更有可能的是双绞线。高容量链接与服务节点的结合及连接到服务节点的双绞线的通用性，使得利用光纤网络单元的网络非常适合采用 VDSL 技术。

一个 ONU 可用的光纤总带宽通常不大于所有 ONU 用户可能的带宽总和。例如，如果一个 ONU 服务 20 个用户，每个用户有一条 50 Mbit/s 的 VDSL 链路，那么 ONU 总的可用带宽为 1 Gbit/s，这比通常 ONU 所提供的带宽要大得多。可用于 ONU 的光纤带宽与所有用户可能的带宽累计值之间的比值，称为订购超额（Over Subscription）比例。订购超额比例应精心地设计以便所有用户都能得到合理的性能。

VDSL 支持的速率使它适合很多类型的应用，现有的许多应用均可使用 VDSL 作为其传送机制，一些将要开发的应用也可使用 VDSL。

## （四）VDSL2 协议

ADSL2 和 ADSL2＋采用相同的帧结构和编码算法，所不同的是 ADSL2＋比 ADSL2 的下行频带扩展一倍，因而下行速率提高一倍，约 24 Mbit/s。可以简单地说，ADSL2＋是包含 ADSL2 的。VDSL 支持最高 26 Mbit/s 的对称或者52 Mbit/s、32 Mbit/s 的非对称业务。ITU-T 在决定了 DMT 和 QAM 同时作为 VDSL 调制方式的可选项之后，还同时宣布启动第二代 VDSL 标准 VDSL2 的制定工作。

VDSL2，ITU 正式编号为 G.993.2，基于 ITU G.993.1 VDSL1 和 G.992.3 ADSL2 发展而来，为了能在 350 m 的距离内实现如此之高的传输速率，VDSL2 的工作频率由 12 MHz 提高至 30 MHz。为了满足中、长距离环路的接入要求，VDSL2 的发射功率被提高至 20 dBm，回声消除技术也进行了具体规定，使长距离应用能够实现类似 ADSL 的性能。为了最有效地利用比特率和带宽，VDSL2 技术还采用了诸如无缝速率适配（SRA）和动态速率再分配(DRR)等灵活成帧和在线重配方法。

VDSL2 标准只考虑 DMT 调制,并强调即将产生的 VDSL2 标准的一个主要内容是做到 VDSL2 与 ADSL2＋兼容。此外,所有主流芯片厂商也纷纷表态要开发 VDSL2/ADSL2＋兼容的芯片方案。目前,ITU-T 已不再争论 VDSL 标准中采用何种调制方式,而是进入技术细节的讨论,包括 PMS-TC 结构、PSD 模板、承载子带定义、成帧方案、低功耗模式、初始化等诸多技术。同时也考虑到与现有 ADSL2/2＋的衔接,以便未来相当一段时间内 ADSL2/2＋与 VDSL2 的共存、融合与发展。VDSL2 的初步需求包括以下内容:VDSL2 将更高的接入比特率、更强的 QoS 控制和类似 ADSL 的长程环路传输性能结合起来,使其非常适应迅速变化的电信环境,并可以使运营商和服务提供商"三网合一"业务,尤其是通过 DSL 进入视频传播,获得更大的收益。

# 第四节　光纤同轴电缆混合接入技术

## 一、HFC 的发展

混合光纤同轴(HFC)是从传统的有线电视网发展而来的。有线电视(CATV)网最初是以向广大用户提供廉价、高质量的视频广播业务为目的发展起来的,它出现于 1970 年左右,自 20 世纪 80 年代中后期以来有了较快的发展。

从技术角度来看,近年来 CATV 的新发展也有利于它向宽带用户网过渡。CATV 已从最初单一的同轴电缆演变为光纤与同轴电缆混合使用,单模光纤和高频同轴电缆(带宽为 750 MHz 或 1 GHz)已逐渐成为主要传输媒介。传统的 CATV 网正在演变为 HFC 网,这为发展宽带交互式业务打下了良好的基础。

当有线电视网重建他们的分布网以升级他们现有的服务时,大部分转向了一种新的网络体系结构,通常称之为"光纤到用户区",在这种体系结构中,单根光纤用于把有线电视网的前端连到 200~1 500 户家庭的居民小区,这些光纤由前端的模拟激光发射机驱动,并连到光纤接收器上。这些光纤接收器的输出驱动一个标准的用户同轴网。

光纤到用户区的体系结构与传统的由电缆组成的网络相比较,主要好处在于它消除了一系列的宽带 RF 放大器,需要用来补偿同轴干线的前端到用户群的信号衰减,这些放大器逐步衰减系统的性能,并且要求很多维护。一个典型光纤到用户区的衰减边界效应是要额外的波段来支持新的视频服务,而现在已经可以提供这些服务。在典型光纤到用户区的体系结构中,支持标准的有线电视网广播节目选择,每个从前端出去的光纤载有相同的信号或频道。通过使用无源光纤分离器,以驱动多路接收结点,它位于前端激光发射器的输出处。

电缆调制解调(Cable Modem)技术是在 HFC 网上发展起来的。由于有线电视的普及,同轴电缆基本已经入户。基于这一有利条件,有线电视公司推出了基本光纤和同轴电缆混合网络的接入技术——HFC,同电信部门争夺接入市场。HFC 出现的初期主要致力于传统话音业务的传送。但是,随着在许多地方试验的相继失败(主要问题是供电、成本等),目前有线电视运营者已经放弃在 HFC 上传送传统话音业务,转向 Cable Modem,只在 HFC 上进行数据传输,提供互联网接入,争夺宽带接入业务。

## 二、HFC 的结构

HFC 基本特征是在有线电视网的基础上,以模拟传输方式综合接入多种业务信息,可用于解决有线电视、电话、数据等业务的综合接入问题。HFC 主干系统使用光纤,采取频分复用方式传输多种信息;配线部分使用树状拓扑结构的同轴电缆系统,传输和分配用户信息。

### (一)馈线网

HFC 的馈线网指前端至服务区(SA)的光纤节点之间的部分,大致对应有线电视网的干线段。其区别在于从前端至每一服务区的光纤节点都有一专用的直接的无源光连接,即用一根单模光纤代替了传统的粗大的干线电缆和一连串几十个有源干线放大器。从结构上则相当用星形结构代替了传统的树形——分支结构。由于服务区又称光纤服务区,因此这种结构又称光纤到服务区(FSA)。

目前,一个典型服务区的用户数为 500 户(若用集中器可扩大至数千户)。由于取消了传统有线电视网干线段的一系列放大器,仅保留了有限几个放大器,放大器失效所影响的用户数减少至 500 户,而且无须电源供给(而这两者失效约占传统网络失效原因的 26%),因而 HFC 网可以使每一用户的年平均不可用时间减小至 170 min,使网络可用性提高到 99.97%,可以与电话网(99.99%)相比。此外,由于采用了高质量的光纤传输,使得图像质量获得了改进,维护运行成本得以降低。

(二)配线网

在传统有线电视网中,配线网指干线/桥接放大器与分支点之间的部分,典型距离为 1~3 km。而在 HFC 网中,配线网指服务区光纤节点与分支点之间的部分。在 HFC 网中,配线网部分采用与传统有线电视网相同的树形分支同轴电缆网,但其覆盖范围则已大大扩展,可达 5 km~10 km,因而仍需保留几个干线/桥接放大器。这一部分的设计好坏十分重要,它往往决定了整个 HFC 网的业务量和业务类型。

在设计配线网时采用服务区的概念是一个重要的革新。在一般光纤网络中,服务区越小,各个用户可用的双向通信带宽就越大,通信质量也就越好。然而,随着光纤逐渐靠近用户,成本会迅速上升。HFC 采用了光纤与同轴电缆混合结构,从而妥善地解决了这一矛盾,既保证了足够小的服务区(约 500 户),又避免了成本上升。

采用了服务区的概念后可以将一个网络分解为一个个物理上独立的基本相同的子网,每一子网服务于较少的用户,允许采用价格较低的上行通道设备。同时每个子网允许采用同一套频谱安排而互不影响,与蜂窝通信网和个人通信网十分类似,具有最大的频谱再用可能。此时,每个独立服务区可以接入全部上行通道带宽。若假设每一个电话占据 50 kHz 带宽,则总共只需有 25 MHz 上行通道带宽即可同时处理 500 个电话呼叫,多余的上行通道带宽还可以用来提供个人通信业务和其他各种交互型业务。

由此可见,服务区概念是 HFC 网得以能提供除广播型有线电视业务以外的双向通信业务和其他各种信息或娱乐业务的基础。当服务区的用户数目少于 100 户时有可能省掉线路延伸放大器而成为无源线路网,这样不但可以减少故障率和维护工作量,而且简化了更新升级至高带宽的程序。

(三)用户引入线

用户引入线指分支点至用户之间的部分,因而与传统有线电视相同,分支点的分支器是配线网与用户引入线的分界点。所谓分支器是信号分路器和方向耦合器结合的无源器件,负责将配线网送来的信号分配给每一用户。在配线网上平均每隔 40 m～50 m 就有一个分支器,单独住所区用 4 路分支器即可,高楼居民区常常使用多个 16 路或 32 路分支器结合应用。引入线负责将射频信号从分支器经无源引入线送给用户,传输距离仅几十米而已。与配线网使用的同轴电缆不同,引入线电缆采用灵活的软电缆形式以便适应住宅用户的线缆敷设条件及作为电视、录像机、机顶盒之间的跳线连接电缆。

传统有线电视网所用分支器只允许通过射频信号从而阻断了交流供电电流。HFC 网由于需要为用户话机提供振铃电流,因而分支器需要重新设计以便允许交流供电电流通过引入线(无论是同轴电缆还是附加双绞线)到达话机。

基于 HFC 网的基本结构具备了顺利引入新业务的能力,通过远端指配可以增加新通道如新电话线或其他业务而不影响现有业务,也无须派人去现场。现代住宅用户的业务范围除了电视节目外,有至少两条标准电话线,也应能提供数据传输业务及可视电话等。当然也会包括更多的新颖的服务如用户用电管理等。

由于 HFC 具有经济地提供双向通信业务的能力,因而不仅对住宅用户有吸引力,而且对企事业用户也有吸引力,例如 HFC 可以使得互联网接入速度和成本优于普通电话线,可以提供家庭办公、远程教学、电视会议和VOD 等各种双向通信业务。

HFC 的最大特点是只用一条缆线入户来提供综合宽带业务。从长远来看,HFC 计划提供的是所谓全业务网(FSN),即以单个网络提供各种类型的模拟和数字通信业务,包括有线和无线、语音和数据,图像信息业务、多媒体和事务处理业务等。这种全业务网络将连接有线电视网前端、传统电话交换机、其他图像和信息服务设施(如 VOD 服务器)、蜂窝移动交换机、个人通信交换机等。许多信息和娱乐型业务将通过网关来提供,今天的前端将发展成为用户接入开放的宽带信息高速公路的重要网关。用户将能从多种服务器接入各种业务,共享昂贵的服务器资源,诸如 VOD 中心和 ATM 交换资源等。简而言之,这种由 HFC 所提供的全业务网将是一种新型的宽带业务网,为我们提供了一条通向宽带通信的道路。

## 三、频谱分配方案

HFC 采用副载波频分复用方式,各种图像、数据和语音信号通过调制解调器同时在同轴电缆上传输,因此合理地安排频谱十分重要。频谱分配既要考虑历史和现在,又要考虑未来的发展。有关同轴电缆中各种信号的频谱安排尚无正式国际标准,但已有多种建议方案。

低频段的 5～30 MHz 共 25 MHz 频带安排为上行通道,即所谓回传通道,主要传电话信号。在传统广播型有线电视网中尽管也保留有同样的频带用于回传信号,然而由于下述两个原因这部分频谱基本没有利用。第一,在 HFC 出来前,一个地区的所有用户(可达几万至十几万)都只能经由这 25 MHz 频带才能与首端相连。显然这 25 MHz 带宽对这么大量的用户是远远不够的。第二,这一频段对无线和家用电器产生的干扰很敏感,而传统树形分支结构的回传"漏斗效应"使各部分来的干扰叠加在一起,使总的回传通道的信噪比很低,通信质量很差。HFC 网妥善地解决了上述两个限制因素。首先,HFC 将整个网络划分为一个个服务区,每个服务区仅有几百用户,这样由几百用户共享这 25 MHz 频带就不紧张了。其次,由于用户数少了,由之引入到回传通道的干扰也大大减少了,可用频带几乎接近 100%。另外采用先进的调制技术也将进一步减小外部干扰的影响。最后,减小服务区的用户数可以进一步改进干扰和增加每一用户在回传通道中的带宽。

近来,随着滤波器质量的改进,且考虑到点播电视的信令以及电话数据等其他应用的需要,上行通道的频段倾向于扩展为 5～42 MHz,共 37 MHz 频带。有些国家甚至计划扩展至更高的频率。其中 5～8 MHz 可用来传达状态监视信息,8～12 MHz 传 VOD 信令,15～40 MHz 用来传电话信号,频率仍然为 25 MHz。50～1 000 MHz 频段均用于下行信道。其中 50～550 MHz 频段用来传输现有的模拟有线电视信号,每一通路的带宽为 6～8 MHz,因而总共可传输各种不同制式的电视信号 60～80 路。

550～750 MHz 频段允许用来传输附加的模拟有线电视信号或数字有线电视信号,但目前倾向于传输双向交互型通信业务,特别是点播电视业务。假设采用 64QAM 调制方式和 4 Mbit/s 速率的 MPEG-2 图像信号,则频谱效率可达 5 bit/(s. Hz),从而允许在一个 6～8 MHz 的模拟通路内传输 30～40 Mbit/s 速率的数字信号,若扣除必需的前向纠错等辅助比特后,则大致相当于 6～8 路 4 Mbit/s 速率的 MPEG-2 图像信号。于是这 200 MHz 带宽可以至少传输约 200 路 VOD 信号。当然也可以利用这部分频带来传输电话、数据和多媒体信号,可选取若干 6～8 MHz 通路传电话,若采用 QPSK 调制方式,每 3.5 MHz 带宽可传 90 路 64 kbit/s 速率的语音信号和 128 kbit/s 信令及控制信息。适当选取 6 个 3.5 MHz 子频带单位置入 6～8 MHz 通路即可提供 540 路下行电话通路。通常该 200 MHz 频段用来传输混合型业务信号。

高端的 750～1 000 MHz 段已明确仅用于各种双向通信业务,其中 2×50 MHz 频带可用于个人通信业务,其他未分配的频段可以有各种应用以及应对未来可能出现的其他新业务。实际 HFC 系统所用标称频带为 750 MHz、860 MHz 和 1 000MHz,目前用得最多的是 750 MHz 系统。

## 四、调制与多点接入方式

在前面关于同轴电缆频谱分配的讨论中已经指出,CATV-HFC 网所提供的可用于交互式通信的频带中,上行信道的带宽相对较小,因此有必要对其容量及有关适用技术进行详细的讨论。

在 CATV-HFC 网中,系统提供的上行信道带宽为 35 MHz,其通信能力可根据香农公式:

$$R = W\log_2(1+S/N)$$

求得其极限信息传输速率。设信噪比 S/N 为 28 dB,带宽 W 为 35 MHz,则其极限信息速率可达 325 Mbit/s。在实际中可得到的传输速率要低于这个值,且与所采用的调制方式和多点接入方式有关。35 MHz 的带宽将信道的极限码元速率限制为 35 MBaud,因此信息速率将决定于不同调制方式的频谱效率。若采用 16QAM 调制时,上行信息速率为 140 Mbit/s;而采用 64QAM 调制方式,则可达 210 Mbit/s。另外上行信道的信息传输速率还要受到树形分配网噪声积累特性的限制。更高的用户上行信息速率只有通过增加光节点引出的分配网的个数来获得,如采用 10×50 的用户分配网,则当采用 16QAM 调制时,每个用户可以获得 2.8 Mbit/s 的上行信息速率,已经可以满足一部分宽带业务的要求。

# 五、HFC 的特点

由有线电视网逐渐演变成的 HFC 网在开展交互式双向电信业务上有着明显的优势：

第一，它具有双绞线所不可比拟的带宽优势，可向每个用户提供高达 2 Mbit/s 以上的交互式宽带业务。在一个较长的时期内完全能够满足用户的业务需求。

第二，它是向 FTTH 过渡的好形式。可利用现有网络资源，在满足用户需求的同时逐步投资进行升级改造，避免了一次性的巨额投资。

第三，供电问题易于解决。CATV-HFC 网中采用同轴分配网，允许由光节点对服务区内的用户终端实行集中供电，而不必由用户自行提供后备电源，有利于提高系统可靠性。

第四，它采用射频混合技术，保留了原来有线电视网提供的模拟射频信号传输，用户端无须昂贵的机顶盒就可以继续使用原来的模拟电视接收机。机顶盒不仅解决电视信号的数/模转换，更重要的是解决宽带综合业务的分离，以及相应的计费功能等。

第五，它与基于传统双绞线的数字用户环路技术相比，随着用户渗透率的提高在价格上也将具有优势。

当然这种 CATV-HFC 网也存在缺陷。如在网络拓扑结构上还需进一步改进，必须考虑在光节点之间增设光缆线路作为迂回路由以进一步提高网络的可靠性。抑制反向噪声一直是困惑 Cable Modem 厂商的难题。现有的方法分为网络侧和用户侧两部分。首先在网络侧，在地区内的每个接头附近都装上全阻滤波器。滤波器禁止所有用户反向传送信息。当用户要求双向服务时，则移去全阻滤波器，并为用户安装一个低通滤波器以限制反向通道，这样就可以阻塞高频分量。在用户端，抑制技术主要体现在 Cable Modem 的上行链路所采用的调制技术。为了抑制反向链路噪声，各厂家通常在 QPSK、S-CDMA 调和跳频技术中选择其一作为反向链路的调制方式。但 QPSK 调制将限制上行传输速率，而 S-CDMA 调和跳频技术的设备复杂，所需费用太高。

由于 HFC 网络是共享资源，当用户增多及每个用户使用量增加时必须避免出现拥塞,此时必须有相应的技术扩容。目前主要的技术为以下内容:每个前向信道配多个反向信道;使用额外的前向信道,类似移动通信采取微区和微微区的方法将光纤进一步向小区延伸形成更小的服务区。另外,CATV-HFC 网只是提供了较好的用户接入网基础,它仍需依靠公用网的支持才能发挥作用。

# 第五节　无线接入技术

无线接入系统具有建网费用低、扩容可按需而定、运行成本低等优点,所以在发达地区可以作为有线网的补充,能迅速、及时替代有故障的有线系统或提供短期临时业务;在发展中或边远地区可广泛用来替换有线用户环路,节省时间和投资。目前,无线接入技术已成为通信界备受关注的热点,并且由于无线接入因特网的兴起,无线局域网技术也日渐成为固定无线接入的新宠。

## 一、基本概念

无线接入技术是指接入网的某一部分或全部使用无线传输媒质,向用户提供固定和移动接入服务的技术。无线接入系统主要由用户无线终端(SRT)、无线基站(RBS)、无线接入交换控制器以及与固定网的接口网络等部分组成。其基站覆盖范围分为三类:大区制 5 km～50 km,小区制 0.5 km～5 km,微区制 50 m～500 m。无线接入技术作为电信网当前发展最快的领域之一,主要是解决固定和移动电话通信的接入问题,同时也可以解决移动终端访问因特网等窄带数据移动通信业务接入问题。无线接入的优点是可以提供一定程度的终端移动性,开设速度快,投资省,缺点是传输质量不如光缆等有线传输方式,适用于移动宽带业务的无线接入技术尚不成熟。目前的无线接入技术,按制式可以分为三类:频分多址制式(FDMA)、时分多址制式(TDMA)、码分多址制式(CDMA)。

实际运用的无线接入技术主要有以下几类:①模拟无线接入。它采用调频体制,使用 450 MHz,800/900 MHz 频段,覆盖范围大,技术成熟,但抗干扰能力差,频率利用率低,容量小,保密性差。②微蜂窝无线接入技术。

使用 1.8/1.9 GHz 频段,覆盖范围小,容量大,适合于高密度用户区使用。采用动态信道选择方式,频率规划容易,语音质量好,这类技术有 CT2、DECT、PHS、PACS 等数字无绳技术。③CDMA 无线接入技术。使用 800/900 MHz 或 1.8/1.9 GHz 频段,容量大,频率利用率高,采用可变速率声码器,语音质量高,覆盖范围广,系统规划简单,保密性强。④一点多址微波技术。它使用 1.5 GHz 或 1.9~2.4 GHz 频段,多应用于地势平坦无遮挡的地方,可连接几十个用户终端站,无中继时传输距离为 30 km,有中继时达几百千米。可提供电话、电报、数据通信业务,系统容量在 96~512 个用户,每个用户成本在万元以上,适用于农村、岛屿、山区等用户分散、人口稀少的边远地区。⑤卫星无线接入技术。它适合用户密度很低,地面蜂窝和有线网覆盖不到的地方,由卫星提供基本语音服务和数字业务,但其价格昂贵,在接入网中应用不多。

未来的无线接入技术将进一步向数字化、综合化、个人化发展。它应具备开放式的网络结构,如 V5.2 接口;先进的数字信号处理技术和动态功率控制技术;能提供多种电信业务;高的频谱利用率和抗干扰能力;能纳入本地的网管系统,实现智能化管理和控制。

广义上讲,无线接入包括固定接入和移动接入,而固定接入由于不需要移动通信的漫游、切换等功能而简单得多。移动通信系统主要有蜂窝移动通信系统和卫星移动通信系统。

(一)固定宽带无线接入在电信网中的位置

电信网是利用各种通信手段和一定的方式将所有的终端设备、传输设备和交换设备等硬件设备有机地连接起来的通信实体,它是完成各项通信任务的物质基础;此外,还需要有一整套的规定及标准和整个电信网的管理规程,才能使由设备组成的静态网络变成一个运转良好的动态体系。

在通信网中,宏观上可划分为接入网和核心网两大类。这种网络划分方法是将公用电信网中的长途网和局间中继合在一起称为核心网(Core Network)或转接网(Transmit Network),也就是将市话端局以上的部分称为核心网,而相对于核心网而言,将其市话端局以下的网络部分称为用户接入网,它主要完成用户接入到核心网的任务。

无线接入网是指由业务节点(交换机)接口和相关用户网络接口之间的

系列传送实体组成,为传送电信业务提供所需传送承载能力的无线实施系统。通常无线接入可分为地面移动无线接入、地面固定无线接入、卫星无线接入等。

宽带固定无线接入网是接入网技术的一种,在整个电信网中处于接入网的地位,它代表了宽带接入技术的一种新的不可忽视的发展趋势,不仅开通快、维护简单、用户密度较高时成本低,而且改变了本地电信业务的传统观念,最适于新的本地网竞争者与传统电信公司及有线电视公司展开有效竞争,也可以作为电信公司有线接入的重要补充。

## (二)固定宽带无线接入系统的分类及其特点

### 1.固定宽带无线接入系统的分类

根据现有的技术,目前世界上主要有以下几种 WLL(Wireless Local Loop)方案。

(1)点对点和点对多点(P-MP)系统方案

这种方案是在 WLL 市场上最早出现的。其工作频段范围大,从 900 MHz 到 42 GHz,以视距工作,用户和中心站之间没有障碍物。由于这些系统具有高带宽、高速数据传输、高话音质量等特点,能有效降低成本,成为高密度用户(如办公大楼)与公共网络之间的链路。

但是,这种系统在用户端通过"集群接入"到 PBX,而不是"环路接入"到单个用户,这样,大部分的 P-MP 系统通常不能考虑成真正的 WLL 方案。

(2)基于固定蜂窝系统的方案

各种蜂窝移动通信技术都可用于无线用户环路,无须考虑移动性、越区切换和漫游等,此类无线本地环路是蜂窝移动通信技术的一种简化应用,其特点是覆盖范围大,一般为几千米到几十千米,适用于尚无蜂窝移动通信的地区。

使用 CDMA 扩频通信技术的无线接入系统频谱和功率利用率极高,在 CDMA 扩频移动通信系统基础上,简化系统的部分功能,如小区切换、移动台漫游等,即可实现一个 CDMA 无线接入系统。

(3)基于个人通信业务(PCS)或个人手持电话系统(PHS)标准的 WLL 系统

这种系统也是固定蜂窝方案,它们采用 32 kbi/s(ADPCM)话音编码系统,使其话音质量和传真/数据传输同有线本地环路业务一样。这些系统采用 1 895～1 918 MHz 频段,比 800～900 MHz 蜂窝系统有更小的小区,每个小区基站能容纳更多的用户容量。

(4)基于先进的数字无绳电话(DECT)规范的 WLL 系统

这种方案采用了 1 800～1 900 MHz 频段。最初 DECT 的设计只限用于 PBX 中的无绳应用,不是一个真正的 WLL 系统,DECT 具有低功率、范围有限的特性。

(5)专用无线接入系统

专用无线接入系统是根据无线接入的要求,针对不同的应用地区和业务要求,专门设计用于固定用户的无线接入系统。这类系统已成为无线接入系统的主流,如朗讯 WS5 系统、阿卡特 A9500 系统等。

### 2.固定宽带无线接入的特点

固定宽带无线接入技术相对于其他的宽带技术的优势:

第一,建网投资费用低,与有线网建设相比,省去不少铜线设备,网络设计灵活,安装迅速,大约几周就可投入使用,加速资金的回收。

第二,扩容可以因需求而定,方便快捷,防止过量配置设备而造成浪费。

第三,运营成本低,无线接入取消了铜线分配网和铜线分接线,无须配置维护人员,因而大大降低了运营费用。

第四,固定宽带无线接入的传输容量可以和光纤媲美。如 LMDS 系统工作频带宽,系统容量大。其带宽可以达到 1 GHz,能够支持高达 155 Mbit/s 的用户数据接入,可以同时为大量用户提供业务服务。

第五,固定宽带无线接入技术具有提供对称业务的潜力,而相比 HFC 和 xDSL 是上下信道不对称的,因此固定宽带无线接入可提供的业务种类丰富,可同时向用户提供话音、数据、视频等综合业务,满足用户对数据业务的要求,并可以提供多种承载业务。

第六,网络部署灵活。通过改变扇区角度的大小,无线接入网络的系统容量可灵活改变,另外,无线接入设备很容易拆卸到异地安装,有利于运营商按照业务需求变化改变网络部署从而节约设备投资。无线系统具有良好的可扩充性,扩容简单方便,可根据用户需求进行系统设计或动态分配系统资源。

第七，安全性能好，抗灾能力强，易于恢复。

第八，由于固定宽带无线接入的发展与原有基础设施关系不大，有利于新的运营企业快速进入市场，有利于打破垄断，增加公平竞争。

### (三)固定宽带无线接入的业务

固定宽带无线接入系统，除了能提供传统的窄带业务(如话音和低速数据)外，还要求提供高速宽带业务，如计算机网和因特网所需的高速数据、多媒体、VOD、远程医疗诊断、远程教学、居家办公、家庭银行以及交互式图像传输和高清晰度电视等。显然电信技术和广播技术的发展，使得模拟图像传输逐渐过渡到数字图像传输。而且数字信号处理技术、压缩编码技术和超大规模集成电路技术的进步，加速了模拟向数字的转化。

宽带无线接入技术主要有如下一些应用。

#### 1. 面向连接的业务

(1)租用线业务(Leased Lines Services)

租用线业务提供用户终端至网络 El(N×64 kbit/s)、帧中继(FR)连接等，主要应用于 PABX 连接、基于专线的广域网连接应用等。

(2)突发数据业务(Burst Data Services)

这类业务的应用包括互联网、内联网以及局域网互联等，主要面向企业、SOHO(小企业及家庭)以及居民用户等。

(3)交换话音业务(Switched Telephony Services)

这类业务主要为传统的话音和 ISDN 通信提供接入，网络接口可以是 V5.2 或其他符合标准的接口。

(4)数字视频业务(Digital Video Services)

这类业务的应用包括 VOD、高清晰度广播等。从网络角度来说，考虑到业务的不对称性，采用有 QoS 保障的突发数据方式来支持这类业务比较理想。当然，采用租用线的方式也能支持这类业务，具体如何实现，还要由综合业务需求和技术可实现性决定。

#### 2. 面向无连接的业务

业务包括基于 IP 方式的实时业务、因特网接入、局域网互联、虚拟专用网等。

上面分类介绍了宽带无线接入技术的具体应用。实际上，一个特定用户所需求的业务可能是上述一类或几类业务的综合,因此在实际建设网络时应当了解用户的需求,从而合理地配置相应的网络设备。

在宽带无线接入条件下,终端用户可以在无线网络覆盖的范围内的任意地点进行实时的多媒体通信。在移动宽带无线接入下,可设想一个人可以在上班的路上、工作中、回家途中接听同事或亲友打来的视频电话,可以及时地接收各种实时信息,接收邮件,收看影视节目等,这些都是在无线宽带网络的条件下完成的。而对于固定宽带无线接入,则可以享受一切宽带接入带来的便利。个人用户可以在家里高速接入网络,进行在线视频点播,在家中建立自己的网络办公室,参加公司的网络会议,而且可以在家中接受网络教育,学习自己感兴趣的知识等。

### (四)几种固定宽带无线接入系统及其各自的特点

骨干网的带宽由于光纤的大量采用而相对充足,限制带宽需求的主要瓶颈在接入段。光接入网是发展宽带接入比较好解决方案,但目前这种方式还存在工程造价太高、建设速度慢等缺点,而且对于部分网络运行企业来说,不具备本地网络资源,在这种情况下,要进入和占领接入市场,采用宽带无线接入技术是一个比较合适的切入点。目前主要的宽带无线接入技术有以本点多点分配业务(LMDS)、多路微波分配业务(MMDS)、3.5C固定无线接入为主的固定宽带无线接入系统,以802.11标准为主的无线局域网(WLAN)系统,以直播卫星系统(DBS)为代表的固定卫星接入系统和不可见光纤无线系统等。

### 1. LMDS 接入技术

LMDS(Local Multipoint Distribution Service),中文译为本地多点分配业务,工作在20～40 GHz频带上,传输容量可与光纤比拟,同时又兼有无线通信经济和易于实施等优点。

LMDS基于MPEG技术,从微波视频分布系统(Microwave Video Distribution System,MVDS)发展而来。作为一种新兴的宽带无线接入技术,LMDS为"最后一千米"的宽带接入和交互式多媒体应用提供了经济和简便的解决方案,它的宽带属性使其可以提供大量电信服务和应用。

LMDS的特点有以下几点:

第一,LMDS的带宽可与光纤相比拟,实现无线"光纤"到楼,可用频带至少 1 GHz,与其他接入技术相比,LMDS 是最后一千米光纤的灵活替代技术。光纤传输速率高达数吉比特每秒,而 LMDS 传输速率可达 155 Mbit/s。

第二,LMDS 可支持所有主要的话音和数据传输标准,如 ATM、TCP/IP、MPEC-2 等。

第三,LMDS 工作在毫米波波段 20～40 GHz 频率上,被许可的频率是 24 GHz、28 GHz、31 GHz、38 GHz,其中 28 GHz 获得的许可较多,该频段具有较宽松的频谱范围,最有潜力提供多种业务。

### 2.3.5 GHz 无线接入

3.5 G 设备的工作频率在 3.5 GHz 频段附近,采用频分双工技术,上下行各 30 MHz 的带宽资源。这种接入技术与 LMDS 和 MMDS 系统不完全相同,相对于这两种系统它可利用的带宽资源太少。这就要求系统有更高的频谱利用效率,以提供给用户更高的接入速率。

由于 3.5 G 接入设备的工作频段较 LMDS 系统低,故而系统有更大的覆盖距离,一般覆盖半径可达 30 km,甚至更远,这就可以大大降低系统的覆盖成本;而且在信号传输上,降雨、雾等天气对系统的影响不大,这就大大提高了系统的工作稳定性。

3.5 G 无线宽带接入系统由于频段资源的限制,在系统容量和接入速率上和 LMDS 系统还是有一定的差距的。基站的容量在采用了多种频率复用技术后仍只有 LMDS 系统的 10％左右,而这个对于终端用户却不是很明显,终端仍可以实现宽带接入,其系统的覆盖面积却大大增加了;而且采用动态带宽分配技术后,对运营商而言可接入的用户数,仍是很可观的。很重要的一点是 3.5 G 的接入系统在工程建设和开通上要比 LMDS 系统简单。

### 3. MMDS 接入技术

MMDS 的频率是 2.5～2.7 GHz。它的优点是:雨衰可以忽略不计;器件成熟;设备成本低。它的不足是带宽有限,仅 200 MHz。MMDS 的成本远低于 LMDS,技术也更成熟,可以通过数字 MMDS 系统开展高速数据业务,主要是双向无线高速因特网业务。

### 4. WLAN 技术

无线局域网是一种能支持较高数据速率(2～11 Mbit/s)、采用微蜂窝、微微蜂窝结构的自主管理的计算机局部网络。它可采用扩展频谱技术,以无线电或红外线作为传输媒质,其移动终端可通过无线接入点来实现对互联网的访问。在无线局域网这个领域中有两个主要标准:IEEE 802.11 和 HIPERLAN(High Performance Radio Local Area Network)。

IEEE 802.11 只规定了开放式系统互联参考模型(OSI/RM)的物理层和介质访问控制(MAC)层,它的主要特点如下:支持较高的数据速率(1~11 Mbit/s);支持有中心和无中心两种拓扑结构;支持多优先级;支持时间受限业务和数据业务;具有节能管理和安全认证;可采用无线电或红外线传输介质;可采用直扩或跳频两种扩频技术在世界范围的 ISM 频段使用。无线接入协议采用带有避免冲突的载波监听多路访问(CSMA/CA);为了避免碰撞或其他原因造成的传输失败,采用确认(ACK)应答机制;为了支持多优先级而引入多个不同的帧间隔;为了支持实时业务又引入超帧结构。

### 5.固定卫星接入技术

随着互联网的快速发展,出现了利用卫星的带宽进行多媒体数据传送的技术,提供了一种解决互联网带宽的瓶颈问题的新途径,固定卫星接入技术就这样发展了起来。由于固定卫星接入具有覆盖面大、传输距离远、不受地理条件限制等优点,利用卫星通信作为宽带接入网技术,将有很大的发展前景。

卫星按所使用的卫星轨道分为静止轨道卫星(GEO)、中轨道卫星(MEO)和低轨道卫星(LEO)三种,所组成的卫星通信系统分为以下三种类型。

(1)同步卫星通信

使用静止轨道卫星(距地面 36 000 km),三颗卫星覆盖全球。其特点是通信容量大,例如典型的 Intersat VI 通信卫星,主要用于大型地面站(天线直径大于 15 m)之间的大容量干线通信和国际通信。

(2)VSAT 卫星通信系统

VSAT(Very Small Aperture Terminal)中文含义为甚小口径天线地球站,通常指天线口径小于 2.4 m,G/T 值低于 19.7 dB/K 的高度智能化控制的地球站。目前,C 波段 VSAT 天线口径在 1 m 以下,Ku 波段小于 2.4 m。采用 VSAT 组成的卫星通信系统称为 VSAT 卫星通信系统,VSAT 承担的任务有两类:一类以数据为主;一类以话音为主,兼容数据。VSAT 卫星通信系统的优点是：成本低、体积小、智能化、高可靠、信道利用率高、安装维护方便等。特别适于缺乏现代通信手段、业务量小的地区。

### 6.不可见光纤无线系统

不可见光纤无线系统是一种采用连续点串接的网络结构，被人们称为有自愈环工作特性的宽带无线接入系统，兼有 SDH 自愈环的高可用性能和无线接入的灵活配置特性，可应用于 28 GHz、29 GHz、31 GHz 和 38 GHz 等毫米波段。系统通路带宽为 50 MHz，当通路调制采用 32QAM 时，可以提供 155 Mbit/s 全双工 SDH 信号接口，用户之间通过标准 155 Mbit/s、1 310 nm 单模光纤接口互联；当通路调制采用 8PSK 时，可以提供两个 100 Mbit/s 全双工快速以太网信号接口，用户之间通过标准 100 Mbit/s、1 310 nm 多模光纤接口互联。

该系统采用环形拓扑结构，当需要扩容时，可以分拆环或在 POP 点增加新环。系统的频谱效率很高，运营者可重复使用一对射频信道给业务区的所有用户提供服务。该系统采用有效的动态功率电平调节和前向纠错技术，具有优良的抗雨衰能力。可为用户提供宽带互联网接入、增值业务、会议电视、远程教学、VoIP、专线服务以及传统的电话服务等，是一种有竞争力的新技术。

## 二、宽带 ATM 无线接入

接入网近年来逐渐受到重视，解决网络接入部分带宽不足的瓶颈问题成为网络建设的重点，本小节中将介绍无线 ATM 等几种宽带无线的接入手段。

### （一）无线 ATM

#### 1.无线 ATM 的概念

异步传送模式（ATM）作为宽带网络的核心技术，已经不断地成熟，特别是在数据通信领域得到了不同程度的应用。其特点是统计复用、信元长度固定、虚通道（VP）与虚通路交换（VC）、带宽的动态分配、能综合多种业务。

ATM 技术和移动通信技术的结合形成无线 ATM 技术，无线异步传送模式（WATM）实质上是将 ATM 网上宽带业务延伸至无线移动网，把 ATM

无缝隙地扩展到移动通信终端。

无线 ATM 主要支持与固定 ATM 技术兼容的无线宽带业务和终端移动性两种功能,其基本技术包含无线接入和移动 ATM。其中,前者是通过无线介质扩展 ATM 业务,后者支持终端移动的能力。从技术实现上来说,有影响的系统是宽带毫米波接入(ATMLAN)、宽带移动系统(MBS)、ATM 无线接入(AWA)系统、贝尔实验室的 Bahama 和 MII 无线 ATMLAN。

WATM 的总目标是设计整体的无线业务网络,以相对透明的、无缝的、有效的方式,提供基于光纤的 ATM 网的无线业务延伸;系统应有业务等级、比特率和服务质量(QoS)控制的合理范围。系统设计包括系统功能、提供的业务、支持环境和固定网络接入。

由于无线信道是时变、频变信道,移动通信要面对传播损耗和多径衰落效应,导致误码率高、传输速率受限、频谱使用受限,因而以 ATM 为基础,开发 WATM 工程还需要探索和解决很多新的问题。

**2. 无线 ATM 网络中的差错控制**

ATM 是一种基于异步时分复用的传输方式,是为高传输速率和低误码率的光纤信道而设计的。无线信道的多路径和时变特性限制了无线链路中的传输速率,误码率高且呈突发型分布,因此需采用差错控制来提高物理层的传输性能。

(1)信元头差错控制

用循环冗余校验(CRC)对 ATM 信元头进行保护,包括 4Bytes 的头信息和 lByte 的 CRC,CRC 保证正确的路由选择和信元定界(CD 功能)。

(2)正向纠错

强纠错能力的正向纠错是优化 WATM 系统性能的重要环节;对功率受限的信道,用较低的编码效率,以得到较高的编码增益;对带宽受限的信道,则使用较高的编码效率,达到较高的传输速率。实现正向纠错用 RS 码(用作外码)和卷积码(用作内码)级联,性能改善明显,实现简单。

(3)交织纠错

WATM 的交织分为两部分:①信道交织,用于存在突发错误的信道,交织长度的选择依赖于突发性差错特性和信元传送延时要求;②ATM 交织,使正向纠错解码后产生的突发型差错随机变化,可使用交织长度较短的、简单的卷积交织器。

(4)自动请求重发

用于保证可靠传输,且对延时和延时抖动不敏感的业务,在 WATM 中,使用自动请求重发比较合适。

(二)宽带无线接入面临的问题

1. 开拓新的无线频段

有关第三代移动通信系统中的物理层,可考虑选用 60 GHz 频段,利用其 15 dB/km 的氧气吸收来提高频率复用率和系统容量,也可考虑选用大气衰耗仅约 0.1 dB/km 的 40 GHz 频段,扩大服务范围及提高 QoS。

在现代宽带卫星系统中,可考虑开放和研究选用易于频率协调的 Ka(20/30 GHz)频段甚至 EHF 或 Q/V(40/50/60 GHz)的更高频段,以利于接入包括 HDTV 在内的宽带综合业务信息。

2. 空分多址(SDMA)应用

为进一步提高频谱利用率和系统容量,可考虑使用窄波束天线系统来实现 SDMA,开发一种智能波束控制法,使基站或卫星天线快速指向通信中的移动站。当然,相应的多址协议也必须适应 SDMA。

# 三、无线宽带改变未来

(一)问题的提出

为了让无线技术真正成为计算机的标准配备而非可选件,英特尔联合多家该领域主要厂商共同组建了 Wi-Fi 联盟,统一进行标准制定,实际产品研制以及宣传推广。Wi-Fi 的应用领域除了家用、商用无线网络外,也进入酒店、会议中心、机场、休闲咖啡屋之类的公众场所,成为高速上网的一个通道。

Wi-Fi 领域的辉煌胜利让英特尔获利颇丰,作为新技术的领导者,它的目光并没有一直局限在这个领域,而是开始下一波无线技术的推广,它就是作为无线城域网标准的 IEEE 802.16,并专门组建了"WiMAX 联盟"来推广这项技术。这个事件引起业界的巨大反响,IEEE 802.16 和 WiMAX 的字眼也都成为各大 IT 媒体的头条。不过,人们关注的大多是它们所创造的巨大市场而非技术本身。事实上,IEEE 802.16 的出现将无线技术从家庭、企业内部拉到了室外,IEEE 802.16a 的有效距离高达 50 km,并可提供比 Wi-Fi 高得多的传输速率。如果说 Wi-Fi 实现了局域网的无线连接,那么 IEEE 802.16 或 WiMAX 就是把无线技术扩展到城域网。

## (二)技术特点

与其他所有无线通信技术一样,IEEE 802.16 使用的同样是载波通信方式:待传输的二进制数据使用预先指定的调制技术调制在无线电载波上,经由载波传输至目标端,然后再由接收终端解调,将数据还原。不同的无线传输技术之所以会在数据传输速率、传输距离等方面存在差异,根本原因在于它们赖以工作的机制互不相同,这方面的要素包括工作频带、调制技术以及多址方式等等。

### 1.工作频带

IEEE 802.16 和 IEEE 802.16a 两项标准的工作频带不同:前者工作在 10 至 66 GHz 通信频带,每通道频带宽度可以为 20 MHz、25 MHz 或 28 MHz,在 28 MHz 下,它的每个通道数据传输率可以达到 32 至 134 Mbit/s 级别;后者的通信频带则小于 11 GHz,采用可选通道方式,每个通道频宽在 1.25 MHz 至 20 MHz 之间,当频宽为 20 MHz 之时,IEEE 802.16a 的最高速率达到 75 Mbit/s。IEEE 802.16e 通信频带小于 6 GHz,上行链路的子通道频宽与 802.16a 相同,当频宽为 5 MHz 时,它可以提供 15 Mbit/s 的连接速率。由于 IEEE 802.16e 针对移动性而设计,要求在以一定的速度运动时也可以连上网络,适用对象为单体的笔记本电脑,因此并不需要太高的速率。

### 2.调制技术

信号调制的作用是将二进制数据加载到无线电载波上,数据传输才成为可能。简单点说,"调制"要解决的就是用什么方法让连续的正弦无线电波来表达二进制数据的问题。在无线电波采用同样频宽的条件下,采用不同的调制技术往往会得到不同的数据传输率。因此,调制技术直接关系到无线传输可得到的实际性能。IEEE 802.16 采用四相移相键控调制(Quaternary Phase Shift Keying,QPSK)、16-QAM 和 64-QAM 三项调制技术。

### 3. 多址方式和用户数

无线通信采用的是一种广播的方式而非点对点传输,网内一个用户发射信号其他所有用户均可接收,所以网内用户如何从播发的信号中判别出它是否是发送给本用户,就成为一个关键的问题,而这就是多址接入方式要解决的问题。

IEEE 802.16 使用的是时分多址技术,相对于 IEEE 802.11,它具有接入容量大的优点。一个 IEEE 802.11 接入点通常只能同时接入数十个用户,而一个 IEEE 802.16 基站可以同时接入数千个远端用户站。当然,在这方面它还无法与 CDMA 系统相提并论,但 IEEE 802.16 的另一个优势是兼顾了高数据传输性能,并且可满足多路、多类传输业务的需求,诸如数据、视频、语音等,这是其他技术所无法比拟的。

### 4. 针对多业务的优化:链路层自动重发请求、自适应参数调整与服务质量

刚刚提到 IEEE 802.16 必须兼顾 IP 数据、视频/语音两类业务,而这两类业务对无线传输的稳定性和差异化要求不一,那么,IEEE 802.16 如何面对这个困难?

IEEE 802.16 将用于室外远距离通信,信号衰减和多径效应对信道稳定性影响极为显著,为了解决这个问题,IEEE 802.16 采取多种手段,如让物理层的调制解调器参数、FEC 编码参数、ARQ 参数、功率电平、天线极化方式等多个技术参数都可自适应调整,另外,在链路层也加入 ARQ 机制,减少到达网络层的信息差错率,整体上提升了系统的通信质量。

但对视频/语音相关业务来说,关键在于 IEEE 802.16 网络必须可提供 QoS 技术。QoS 是用来解决网络延迟和阻塞等问题的一项技术。IEEE 802.11 体系不支持 QoS,因此就无法提供实时视频传输和语音业务,而只能作为基于 TCP/IP 的数据局域网,但 IEEE 802.16 在 QoS 的辅助下可以保证视频/语音业务的正常进行,这也是它的一大亮点。

IEEE 802.16 可提供固定带宽(CBR)、承诺带宽(CIR)、尽力带宽(BE)三种服务等级。其中 CBR 拥有最高的优先级,在任何情况下用户都可以获得可靠、稳定的带宽;CIR 优先级次之,它在承诺一个基本的固定带宽基础

上,可以根据设备带宽资源情况向用户适当提供更多的传输带宽;BE 的优先级最低,只有在系统满足其他用户较高优先级业务之后,才会将余力用于向该用户提供传输带宽。

IEEE 802.16 最大的优点是高速度和远距离。IEEE 802.16 协议最高速率为 134 Mbit/s,IEEE 802.16a 也可达到 75 Mbit/s。更远距离、更好的适用性和更低的成本是 IEEE 802.16 技术最主要的优点,而这也奠定了它在未来城域无线网络市场的主导性地位。

5.更远的距离

与 IEEE 802.11 相比,IEEE 802.16 最大的优点是其超远的覆盖范围。IEEE 802.11 的有效范围一般不超过 100 m,但 IEEE 802.16 协议可达到 2 km,而 IEEE 802.16a 协议更是可以覆盖方圆 50 km 的范围。这样,电信企业完全可以利用这项技术来代替 Cable 线缆、DSL、光纤接入等有线通信技术,构建一个广大覆盖范围的 WiMAX 无线网络。

用户终端使用 WiMAX 网络可以有以下两种方式:

第一种方式是通过专门的 WiMAX 接入设备来连接。该设备的功能类似 ADSL Modem 或 Cable Modem,只不过它是以无线的方式接入到互联网。如果要接入互联网的是有线以太网,那么对应的 Hub、交换机就必须通过专用的线缆与 WiMAX 接入设备连接在一起。这样,整个局域网内的计算机都可以连接网络。同样,如果接入互联网的是 IEEE 802.11 无线网络,同样只需借助专用线缆将 IEEE 802.11 访问点与 WiMAX 接入设备连接起来即可,整个无线局域网内的计算机便可完全通过无线的方式接入互联网中。

第二种方式就是用户终端直接连入 WiMAX 网络,这同样需要借助专门的 WiMAX 接入设备来实现。对台式机来说,这个设备可能是 WiMAX Modem,而对于笔记本电脑来说,可能只是一块支持 IEEE 802.16 协议的计算机卡而已。如此一来,用户要接入互联网就非常简单。这种接入方式完全可以让现在的 Wi-Fi 热点失去活力。众所周知,英特尔为了推广 Wi-Fi,花费巨资推动相关应用,在全球许多地方都建设了 Wi-Fi 热点,涉及到的热门地区包括机场、星级酒店、高档咖啡厅等场合,用户可以借助笔记本电脑内置的 Wi-Fi 功能实现无线上网。但和 WiMAX 相比,所谓的 Wi-Fi 热点立即黯然失色,打个形象的比喻,Wi-Fi 是用户拿着笔记本到处找热点(接入点),而 WiMAX 就好像是它开着探照灯寻找我们,只要用户一开机,它就主动提供服务。显然,在这个应用领域,WiMAX 的优势是 Wi-Fi 无法比拟的。

6.更好的适用性、更低的成本

WiMAX 网络拥有的良好适用性充分体现在以下几个方面:一是网络部署时间短;二是具有完全覆盖能力;三是可根据应用需要灵活调整。

网络部署时间短的优势很大程度上得益于 WiMAX 的大覆盖范围,对于 IEEE 802.16 标准,每隔 2 km 需要建设基站,但对于 IEEE 802.16a 来说,只要每隔 50 km 建设基站即可,而一个基站可以连接数千个 WiMAX 访问终端。不难看出,一个城市里并不需要大量的基站,只需要花几天时间,便可以从零开始将一个完整的 WiMAX 网络建设完成。而由于基站数量少、建设时间短,所需的建设成本也变得相当低,比传统的 DSL 接入、Cable接入或以太网接入要经济得多。

毫无疑问,WiMAX 是一项令人激动的新技术,它的出现让无处不在的互联网真正成为可能——这个时候,谈及"随时随地接入"或许更名副其实。

在过去一段时间,业界普遍认为 Wi-Fi 将成为 IT 的第一驱动力,但在流行数月之后,Wi-Fi 的疲态尽显,难以承担第一驱动之职。把接力棒交给WiMAX 或许更为合适,而 WiMAX 的的确确可以承担这样的职责。

综合来说,IEEE 802.16 技术具有以下几个主要的技术优势:

第一,高带宽,覆盖范围广;第二,频谱利用率高;第三,业务类型多样化,并能保障 QoS;第四,空中接口标准化程度高,易得到芯片厂商的支持,有利于产业化,形成规模经济;第五,可从固定无线接入系统平滑过渡到移动无线接入系统,在网络演进方面极具优势。

因此,IEEE 802.16 技术被视为目前最有发展前景的宽带无线接入技术,是下一代网络发展中重要的组成部分。

(三)技术应用

IEEE 802.16 技术可根据不同的业务需求应用在不同的场合。

第一,在缺乏线缆资源的城市中,在业务量集中、用户群集中的地区,运营商尤其是新兴运营商可以通过 IEEE 802.16 技术为企业用户和集团用户提供高带宽的数据和语音接入服务。

第二,在临时的展会和会议场所,IEEE 802.16 无线技术可为临时活动提供即时可配置的"按需"高速连接,并能在极短时间内根据用户需求改变服务等级,活动结束后还可迅速改变无线网络拓扑结构。服务提供商利用 IEEE 802.16 技术实现了以较短时间、低廉的成本提供可媲美有线解决方案速度的服务。

第三,在农村和人口密度较低的偏远地区,IEEE 802.16 无线技术是服务提供商向用户提供互联网接入服务和语音服务的最佳选择。相对于需要花费大量人力物力铺设有线基础设施的有线解决方案,IEEE 802.16 网络初始投资更少,网络部署和业务开展更为迅速。

第四,IEEE 802.16 无线城域网与 IEEE 802.11 无线局域网相结合,实现室外远距离无线连接与室内游牧式高速数据连接的结合,将无线网络从局域网扩展到城域网。

第五,IEEE 802.16e 技术对移动性的支持,使得用户可以获得漫游和切换服务,在非归属地也能灵活地接入当地的宽带网络。这种应用是 IEEE 802.16 技术对 3G 网络服务的最大竞争方式,它可提供的数据业务带宽是 3G 网络服务的几倍甚至十几倍。

第六,IEEE 802.16 无线技术作为下一代宽带无线网络的经济新增长点,受到了芯片厂商的高度重视,Intel 公司已经大规模推出符合 IEEE 802.16 标准的集成芯片,这为该技术形成良好的产业链打下了稳定的关键一环。

第七,继续完善 IEEE 802.16 无线技术的标准化工作。目前,已有的无线接入系统由于缺乏标准,价格相对较为昂贵,技术的标准化可以极大降低设备成本,建立良好的产业链。但目前在 IEEE 802.16 无线技术的标准化过程中,仍有一些技术细节尚未得到解决,这在一定程度上滞后了该技术的发展。

第八,频谱分配策略和频谱兼容问题。IEEE 802.16 技术主要工作在 2～11 GHz 的许可频段,在网络部署时需要获得政府部门的频率许可。政府无线管理部门所采取的频谱分配策略对 IEEE 802.16 技术的发展有着决定性的作用。

第九,IEEE 802.16 无线技术应与其他技术相结合,为用户提供更加方便灵活的服务。众所周知,没有一种宽带接入技术能够唯一占据市场,每一种技术均有其各自最适合的应用场合。在同一区域,多种宽带接入技术将会共存,应当努力做到多种技术优势互补,通过集成这些技术,为用户无缝、透明地提供高度灵活的服务。

第十,互操作性问题。解决不同厂商设备之间的兼容性和互操作性问题是推动宽带无线网络部署的巨大动力,IEEE 802.16 无线技术也不例外。

第十一,进一步降低设备价格,用户设备更加易于安装、使用和维护。价格是决定宽带无线接入技术能否取得成功的关键因素之一。同时,对于IEEE 802.16 这样的宽带无线接入技术,用户设备能否易于安装和使用也是其能够大规模应用的重要影响因素。

第十二,向移动网络的平滑过渡。IEEE 802.16 固定无线接入技术与现有的其他固定无线接入技术在应用场合上有很大的相似性,虽然标准化的空中接口、更高的传输速率等级和更远的覆盖范围使其具有一定的技术优势,但是真正能够吸引运营商特别是固定网络运营商的是 IEEE 802.16 技术能够从固定无线接入网络平滑过渡到移动网络。

## (四)无线网络标准介绍

如果对无线网络标准有所关注,一定会注意到 IEEE 802 下属的无线标准族数目庞大、种类繁多,许多人往往对此感到困惑。

目前,IEEE 802 旗下的无线网络协议一共有 IEEE 802.11、IEEE 802.15、IEEE 802.16 和 IEEE 802.20 等四大种类,这四大类协议中又包含各种不同性能的子协议,虽然很多读者不了解这四大类无线网络标准的功能,但它们其实都非常好理解。IEEE 802.11 体系定义的是无线局域网标准(Wireless Local Area Network,WLAN),针对家庭和企业中的局域网而设计,应用范围一般局限在一个建筑物或一个小建筑物群(如学校、小区等)。IEEE 802.11 体系包括 IEEE 802.11b、802.11a 和 IEEE 802.11g 三个子标准,三者的区别主要在于传输速度和兼容性方面:IEEE 802.11b 最多只能实现 11 Mbit/s速率(衍生出的非正式标准 IEEE 802.11b + 可达到 22 Mbit/s),使用2.4 GHz 无线频带通信;IEEE 802.11a 则可以达到 54 Mbit/s,性能比 IEEE

802.11b 高出一大截,但它使用的是 5 GHz 无线频带,因此无法与 IEEE 802.11b 相兼容,若要从 IEEE 802.11b 升级到 IEEE 802.11a 显然需要花费很高的成本,这导致 IEEE 802.11a 不受业界关爱;IEEE 802.11g 则很好兼顾了性能与兼容性,它的传输速率同样达到 54 Mbit/s,所采用的则是与 IEEE 802.11b 相同的 2.4 GHz 频带,因此同 IEEE 802.11b 保持兼容,尽管这种兼容必须以性能损失为代价——倘若网络中存在一个 IEEE 802.11b 客户端,那么整个网络都会自动降速为 11 Mbit/s。虽然这样的兼容性并不完美,但在没有更好技术的条件下,IEEE 802.11g 无疑是最佳选择。

IEEE 802.15 大家也许知之不多,它所定义的其实是无线个人网络(Wireless Personal Area Network,WPAN),主要用于个人电子设备与计算机的自动互联,这类设备包括手机、MP3 播放器、便携媒体播放器、数码相机、掌上电脑等。其中 IEEE 802.15.1 子协议基于蓝牙技术,有效范围在 10 m～100 m,最快速率只有 1 Mbit/s;IEEE 802.15.3a 子协议则使用电子脉冲作为数据传输的载波,有效范围为 3 m～10 m,但它的速率达到 100 Mbit/s;IEEE 802.15.3a 协议所使用的无线通信技术也被称作超宽带(UWB),英特尔也采用这项技术来设计自己的无线 USB 协议;IEEE 802.15.4 则采用一种名为 Zigbee 的无线技术,它更为人知的称呼是 HomeRF Lite 或 FireFly,主要用于近距离无线连接,使用无须申请的 2.4 GHz 和 915 MHz 无线频带,作用距离在 30 m～75 m 之间,传输速率只有 250 kbit/s,但它的优点是功耗很低,主要用于不要求传输速率的某些嵌入设备。

IEEE 802.16 是一种广带无线接入技术(Broadband Wireless Access,BWA),定义的是城域网络(Metropolitan Area Network,MAN),性能可媲美 Cable 线缆、DSL、T1 专线等传统的有线技术。

IEEE 802.20 与 802.16 在特性上有些类似,都具有传输距离远、速度快的特点。不过 IEEE 802.20 是一项移动广带无线接入技术(Mobile Broadband Wireless Access,MBWR),它更侧重于设备的可移动性,例如在高速行驶的火车、汽车上能实现数据通信(802.16 无法做到这一点)。

## 四、无线接入网络接口与信令

无线接入网是由业务节点(交换机)接口和相关用户网络接口之间的系列传送实体组成的,为传送电信业务提供所需传送承载能力的无线实施系统。从广义看,无线接入是一个含义十分广泛的概念,只要能用于接入网的一部分,无论是固定接入,还是移动接入,也无论服务半径多大,服务用户数多少,皆可归入无线接入技术的范畴。

一个无线接入系统一般是由四个基础模块组成的:即用户台(SS)、基站(BS)、基站控制器(BSC)、网络管理系统(NMS)。

无线用户台是指由用户携带的或固定在某一位置的无线收发机,用户台可分为固定式、移动式和便携式三种。在移动通信应用中,无线用户台是汽车或人手中的无线移动单元,这一般是移动式或便携式的无线用户台。而固定式终端常常被固定安装在建筑物内,用于固定的点对点通信。

用户台的功能是将用户信息(语音、数据、图像等)从原始形式转换成适于无线传输的信号,建立到基站和网络的无线连接,并通过特定的无线通道向基站传输信号,这个过程通常是双向的。用户台除了无线收发机外,还包括电源和用户接口,这三部分有时被放在一起作为一个整体,如便携式手机;有时也可以是相互分离的,可根据需要放置在不同地点。

有时用户台还可以通过有线、无线或混合等多种方式接入通信网络。

无线基站实际上是一个多路无线收发机,其发射覆盖范围称为一个"小区"(对全向天线)或一个"扇区"(对方向性天线),小区范围从几百米到几十千米不等。一个基站一般由四个功能模块组成:①无线模块,包括发射机、接收机、电源、连接器、滤波器、天线等;②基带或数字信号处理模块;③网络接口模块;④公共设备,包括电源控制系统等。这些模块可以分离放置也可以集成在一起。

基站控制器是控制整个无线接入运行的子系统,它决定各个用户的电路分配,监控系统的性能,提供并控制无线接入系统与外部网络间的接口,同时还提供其他诸如切换和定位等功能,一个基站控制器可以控制多个基站。基站控制器可以安装在电话局交换机内,也可以使用标准线路接口与现有的交换机相连,从而实现与有线网络的连接,并用一个小的辅助处理器来完成无线信道的分配。

网络管理系统是无线接入系统的重要组成部分,负责所有信息的存储与管理。

一般而言,无线接入网的拓扑结构分为无中心拓扑结构和有中心的拓扑结构两种方式。

采用无中心拓扑方式的无线接入网中,一般所有节点都使用公共的无线广播信道,并采用相同协议争用公共的无线信道,任意两个节点之间均可以互相直接通信。这种结构的优点是组网简单、费用低、网络稳定,但当节点较多时,由于每个节点都要通过公共信道与其他节点进行直接通信,因此网络服务质量将会降低,网络的布局受到限制。无中心拓扑结构只适用于用户较少的情况。

采用有中心拓扑方式的无线接入网中,需要设置一个无线中继器(即基站),即以基站为中心的"一点对多点"的网络结构。基站控制接入网所有其他节点对网络的访问,由于基站对节点接入网络实施控制,所以当网络中节点数目增加时,网络的服务质量可以控制在一定范围内,而不会像无中心网络结构中急剧下降。同时,网络扩容也较容易。但是,这种网络结构抗毁性较差。一旦基站出现故障,网络将陷入瘫痪。

对于大多数无线接入系统来讲,它们在应用上有一些共同的特性:无线通信提供一个电路式通信信道;无线接入是宽带的、高容量的,能够为大量用户提供服务;无线网络能与有线公共网完全互联;无线服务能与有线服务的概念高度融合。

电路式通信信道可以是实际的电路,也可以是虚拟的,但两种情况下都必须满足一些功能上的要求。电路式信道是实时的,适于语音通信;是用户对用户的、点对点的信道,而非广播式或网络式信道;是专用的和模块化的,可以增减或替换。

无线接入系统可用于公共电话交换网(PSTN)、DDN、ISDN、互联网或专用网(MAN、LAN、WAN)等。现在,越来越多的无线接入系统已经能够与公共网连为一体,无论是直接相连还是通过专用网与 PSTN 接口。

对于用户而言,能否从网络中获取高质量的服务才是最重要的。集成的无线接入系统的通信能力与信道本身无关,无线接入系统所能提供的通信质量与有线相当。

互联质量的一方面是服务的等级,真正的无线接入系统应有与有线系统相近的阻塞概率。另一方面是系统对新业务的透明度,如果有线电话能够支持传真,那么无线系统应该也可以,无线用户有权要求获得与有线用户相同的服务。

从 OSI 参考模型的角度来考虑,网络的接口涉及网络中各个站点要在网络的哪一层接入系统。对于无线接入网络接口而言,可以选择在 OSI 参考模型的物理层或者数据链路层。如果无线系统从物理层接入,即用无线信道代替原来的有线信道,而物理层以上的各层则完全不用改变。这种接口方式的最大优点是网络操作系统及相应的驱动程序可以不做改动,实现较为简单。

另一种接口方式是从数据链路层接入网络,在这种接口方式中采用适用于无线传输环境的媒体接入控制协议(MAC)。在具体实现时只需配置相应的启动程序来完成与上层的接口任务即可,这样,有线网络的操作系统或者应用软件就可以在无线网络上运行。

从网络的组成结构来看,无线接入网的接口包括本地交换机与基站控制器的接口、基站控制器与网络管理系统的接口、基站控制器与基站的接口、基站与用户台之间的接口。

本地交换机与基站控制器之间的接口方式有两类:一是用户接口方式(Z 接口);二是数字中继线接口方式(V5)。由于 Z 接口处理模拟信号,因此不适合现在的数字化网络的需要。V5 接口已经有标准化建议,因此 V5 接口非常重要。

基站控制器与网络管理系统接口采用 Q3 接口。基站控制器与基站之间的接口目前还没有标准的协议,不同产品采用不同的协议,可以参见具体的产品说明。

用户台(SS)和基站(BS)之间的接口称为无线接口,常标为 Um。各种类型的系统有自己特定的接口标准,如常用无线接入系统 DECT、PHS 等都有自己的无线接口标准,在设备生产中必须严格执行这些标准,否则不同公司生产的 SS 和 BS 就不能互通。

　　无线接口中的一个重要内容是信令,它用于控制用户台和基站的接续过程,还要能适应接入系统与 PSTNASDN 的联网要求。在适用于 PSTN/ISDN 的 7 号信令系统中,也包含有一个移动应用部分(MAP)。虽然各种接入系统信令的设计差别较大,但都应能满足与 PSTNASDN 的联网要求。

　　采用扩频方式的码分多址移动通信系统 CDMA 是一种先进的移动通信制式,在无线接入网方面的应用也显示了很强的生命力。摩托罗拉公司的 WiLL 接入系统就是根据美国电信标准协会(TIA)的 IS-95 标准,开发的 CDMA 无线接入系统。它的信令设计也是在 7 号信令的基础上编制的。下面以 IS-95 标准为例,介绍无线接口 Um。

## (一)无线接口三层模型

### 1. 物理层

　　这一层为上层信息在无线接口(无线频段)中的传输提供不同的物理信道。在 CDMA 方式中,这些物理信道用不同的地址码区分。基站和用户台间的信息传递是以数据分组(突发脉冲串)的形式进行,每一个数据组有一定的帧结构。

　　物理信道按传输方向可以分为由基站到用户台的正向信道和用户台到基站的反向信道,通常分别称为下行信道和上行信道。

### 2. 链路层

　　它的功能是在用户台和基站之间建立可靠的数据传输的通道,它的主要作用如下:

　　第一,根据要求形成数据传输帧结构。

　　第二,选择确认或不确认操作之类的通信方式。确认、不确认指收到数据后,是否要把收信状态通知发送端。

　　第三,根据不同的业务接入点要求,将通信数据插入发信数据帧或从收信帧中取出。

### 3. 管理层

　　管理层又分为三个子层:

（1）无线资源管理子层（RM）

该子层负责处理和无线信道管理相关的一些事务，如无线信道的设置、分配、切换、性能监测等。

（2）移动管理子层（MM）

MM 子层运行移动管理协议，该协议主要支持用户的移动性。如跟踪漫游移动台的位置、对位置信息的登记、处理移动用户通信过程中连接的切换等。其功能是在用户台和基站控制器间建立、保持及释放一个连接，管理由移动台启动的位置更新（数据库更新）以及加密、识别和用户鉴权等事务。

（3）连接管理（CM）

连接管理子层支持交换信息的通信。它是由呼叫控制（CC）、补充业务、短消息业务（SMS）组成。呼叫控制具有移动台主呼（或被呼）的呼叫建立（或拆除）电路交换连接所必需的功能，补充业务支持呼叫的管理功能，如呼叫转移（Call Forwarding）、计费等。短消息业务指利用信令信道为用户提供天气预报之类的短消息服务，属于分组消息传输。

## （二）信道分类

窄带 CDMA 系统（N-CDMA）是具有 64 个码分多址信道的 CDMA 系统。正向信道利用 64 个沃尔什码字进行信道分割，反向信道利用具有不同特征的 64 个 PN 序列作为地址码。正、反向信道使用不同的地址码可以增强系统的保密性。

在 64 个正向信道中含有导频信道、同步信道等。而且在正向、反向业务信道中不仅含有业务数据信道，也可以同时安排随路信令信道。业务数据信道用于话音编码数据的传输，而且信道的传输速率可变，以提高功率利用率，减小对其他信道的干扰。为了方便信道的分类，又把各种功能信道的总和称为逻辑信道。

## （三）正向信道的构成和帧结构

从基站至用户台正向信道的结构用户中，包括一个导频信道、一个同步信道（必要时可以改做业务信道）、7 个寻呼信道（必要时可以改做业务信道，直至全部用完）和 55 个（最多可达 63 个）正向业务信道。

## （四）反向信道的构成和帧结构

由用户台到基站方向的反向信道中有两类信道：即接入信道（Access）和反向业务信道（Traffic）。业务信道用于用户信号传输，反向信道中业务信道数和接入信道数的分配可变，信道数变化范围为 1～32，余下的则为业务信道。

# 第六章　无线网络技术

## 第一节　初识无线网络

### 一、无线网络的定义

无线网络是指允许用户端采用近距离或者远距离无线连接的网络,它与有线网络的最大不同就在于传输媒介的不同,即利用无线电技术替代网线。

### 二、无线网络的分类

按照无线网络的覆盖范围大小,其分类主要有:无线个人网、无线区域网、无线城域网。

(一)无线个人网

无线个人网是指在小范围内相互连接数个装置所形成的无线网络,例如蓝牙连接耳机等,通常是在个人可及的范围内。

(二)无线区域网

无线区域网(WRAN)是基于无线电技术的一种网络,IEEE 802.22 定义了适用于此类系统的空中接口。

(三)无线城域网

无线城域网(WMAN)是以无线方式构成的城域网,提供面向互联网的高速连接。

### 三、无线网络的优势

第一,开发运营成本低、时间短、投资回报快、易扩展,受自然环境、地形及灾害影响小。

第二,组网更灵活,使用无线信号通信,网络接入更灵活,只要有信号的地方都可以随时进行网络接入。移动办公或即时演示时无线网络优势尤为明显。

第三,升级更方便,相比有线网络,无线网络终端设备接入数量限制更少,无线路由器可使多个无线终端设备同时接入到无线网络,因此企业网络规模升级时,无线网络优势比有线的明显。

# 第二节 Wi-Fi 与 IEEE 802.11

在谈论到无线网络的时候,人们总会说到 Wi-Fi 和 IEEE 802.11,甚至有时候认为 Wi-Fi 就是 IEEE 802.11,那么,事实上是这样吗? Wi-Fi 和 IEEE 802.11 到底是指什么? 它们究竟是不是一回事呢?

## 一、IEEE 802.11

IEEE 802.11 主要用于不方便布线或者移动环境中用户与用户终端的无线接入,其业务主要限于数据存取,速率最高位 2 Mbps。该协议定义物理层和数据链路层,工作在 2.4 GHz。

IEEE 802 工作组于 1997 年发布 802.11 协议,该协议是无线局域网领域的第一个国际上被认可的协议。它定义了媒体存取控制层和物理层,两个设备间的通信可以以设备到设备的方式进行,也可以在基站或者访问点的协调下进行。工作在 2.4 G 频段,其总数据传输速率为 2 Mbit/s。

随着用户需求的提高,802.11 在速率和传输距离上不能满足人们的需要,对此,该小组又推出了 802.11 标准族的其他成员。

### (一)IEEE 802.11a

该标准工作在 5 Gbit/s,使用 52 个正交频分多路复用副载波,它拥有 12 条不相互重叠的信道,其中 8 条用于室内,4 条用于点对点传输。由于 802.11a 自身的一些缺点,比如局限于直线范围内传输(须用更多的接入点,且传输距离不能太远,再加上 5 Gbit/s 的组件研制成功较慢,导致 802.11a 的产品比

802.11b 的产品推出要慢,且使用范围也不如 802.11b 广泛。

（二）IEEE802.11b

该协议是 802.11 的补充,它在 802.11 的 1 M 和 2 M 的速率下增加了 5.5 Mbit/s 和 11 Mbit/s 两种速率,工作在 2.4 GHz,其传输距离也增加到室外 300 米、室内最长 100 米。

利用 802.11b,用户可以得到与以太网一样的性能、网络吞吐率,管理员可以根据环境选择合适的局域网技术来构造主机的网络,以满足其用户的具体需求。

802.11b 运作模式基本分为点对点模式和基本模式。

1. 点对点模式

点对点模式是无线网卡之间的通信方式。只要个人计算机插上无线网卡就可以与另一台具有无线网卡的个人主机进行通信,最多可以连接 256 台个人主机。

2. 基本模式

基本模式是指无线网络规模扩充或无线与有线网络并存时的通信方式。在这种模式下,插上无线网卡的个人主机要由接入点与另一台个人主机连接,接入点负责频段管理等工作,一个接入点最多可连接 1 024 台个人主机。

802.11a 与 802.11b 不能相互兼容。

（三）IEEE 802.11g

IEEE 802.11g 是 IEEE 802.11b 的后续标准。其工作在 2.4 G 频段,原始传输速率为 54 Mbit/s,净传输速率为 24.7 Mbit/s。它与 802.11b 兼容,但与 802.11a 不兼容。

## 二、Wi-Fi

很多人都会把 Wi-Fi 与 IEEE 802.11 混为一谈,甚至有人把 Wi-Fi 等同于无线网际网络。但 Wi-Fi(Wireless Fidelity,无线保真的缩写)是一个成立于 1999 年的商业联盟,在 IEEE 802.11 系列的标准问世之后,该组织推出了一套用于验证 IEEE 802.11 产品兼容性的测试标准,即无线相容性认证,是一种商业认证。凡是通过该认证的 IEEE 802.11 系列的产品都使用

Wi-Fi 这个名称,因此,Wi-Fi 同时也是由 Wi-Fi 联盟所持有的一个无线网络通信技术的品牌。凡是用该商标的产品之间相互可以合作。

同时,Wi-Fi 也是一种短程无线传输技术,可以将个人电脑、手机等终端以无线方式互相连接。能够访问 Wi-Fi 网络的地方被称为热点,Wi-Fi 热点是通过在互联网连接上安装访问点来创建的,该访问点将无线信号通过短程进行传输,一般覆盖范围为 90 米左右。当一台支持 Wi-Fi 的设备遇到一个热点时,该设备可以用无线方式连接到那个网络。Wi-Fi 工作在 2.4G 频段,所支持数据传输速率高达 54 Mbps。

目前,Wi-Fi 在日常生活中已得到普遍应用,支持 Wi-Fi 功能的终端设备也层出不穷,Wi-Fi 手机就是一个典型的例子。

# 第三节　WAPI 标准

WAPI 是我国自主研发,拥有自主知识产权,无线局域网安全技术标准,其全称为无线局域网鉴别与保密基础机构。

WAPI 与 Wi-Fi 最大的区别是安全加密的技术不同,WAPI 采用无线局域网鉴别与保密基础架构的安全协议,而 Wi-Fi 则采用的是有线加强等效保密(WEP)安全协议。该安全协议实行的是对客户硬件进行单向认证机制,采用开放式系统认证与共享式密钥认证算法,认证过程简单,但易于伪造;而其加密机制属于静态密钥,安全度低。

WAPI 安全机制包括 WAI 和 WPI 两部分。

## 一、WAI 鉴别及密钥管理

WAK 无线局域网鉴别基础结构实现对用户身份的鉴别。它采用基于椭圆曲线的公钥证书体制,鉴别服务器(AS)负责证书的颁发、验证与吊销等,无线客户端与无线接入点 AP 上都安装有 AS 颁发的公钥证书,作为自己的数字身份凭证。当无线客户端登录到无线接入点 AP 时,在访问网络前必须通过鉴定服务器 AS 对双方进行身份验证,验证后,持有合法证书的移动终端才能接入持有合法证书的无线接入点 AP。

WAPI 采用集中式的密钥管理:局域网内的证书由统一的 AS 负责管

理,当增加(或删除)一个无线接入点时,只需由 AS 颁发(或吊销)一个数字证书即可。

## 二、WPI 数据传输保密

无线局域网保密基础结构(WPI)实现对传输数据的加密。它采用对称密码算法对 MAC 子层的 MPDU 进行加、解密处理,分别用于 WLAN 设备的数字证书、密钥协商和传输数据的加、解密,以实现设备的身份鉴别、链路验证、访问控制以及用户信息在无线状态下的加密保护。

双向鉴别成功后,客户端与无线接入点分别利用对方的公钥进行会话密钥协商,生成会话密钥后对通信数据进行加密和解密,以保证保密通信的进行。这里的会话密钥是属动态密钥,即当他们的通信数据达到一定数量后或者通信时间达到一定时间后,双方还要再次协商会话密钥,从而实现高保密性通信。

## 三、WAPI 的主要特点

第一,全新的高可靠性安全认证和保密体制。

第二,更可靠的二层(数字链路层)以下安全系统。

第三,完整的"用户—接入点"双向认证。

第四,集中式或分布集中式认证管理。

第五,可控的会话协商动态密钥。

第六,高强度的加密算法。

第七,可扩展或升级的全嵌入式认证与算法模块。

第八,支持带安全的越区切换。

第九,支持 SNMP 网络管理。

# 第四节　无线网络接入技术

## 一、无线接入

无线接入是指在终端用户与交换端局之间的接入网,部分或全部采用无线传输方式,为用户提供固定或者移动接入服务的技术。其特点是系统容量大、覆盖范围广、系统规划简单、扩容方便、可加密、可解决难以架线地区的信息传递问题等。

## 二、无线网络接入技术

无线网络接入技术有蜂窝技术、数字无绳技术、点对点微波技术、卫星技术、蓝牙技术、5G 技术等。

在这里我们着重介绍蜂窝技术、蓝牙技术、卫星技术与 5G 技术。

### (一)蜂窝技术

这种技术的名称源于其分区结构类似于蜂窝(Cell),它把一个地理区域划分为若干个小区,每个小区设置一个基站。手机均采用这种技术,因此常被称作蜂窝电话。

传统移动通信采用的大区制是一个大的地理区域,比如一个城市采用一个基站,使用一个发射机覆盖整个区域,如果此时采用频分复用方式(FD-MA)的话,一个工作频率只能提供给一个用户使用,信道利用率很低。

而蜂窝技术采用的小区制,一个城市区域划分为多个小区,每个小区设置一个低功率发射机,并适时控制发射机功率,即可使相邻小区不采用相同的频率,而完全不相互干扰的两个小区可以采用相同的频率,以实现频率再用,从而达到提高通信容量的目的。

#### 1.蜂窝技术的发展过程

蜂窝技术发展至今历经了以下三个发展阶段。

(1)第一代蜂窝技术

20 世纪 70 年代末、80 年代初,以美国的 AMPS 与英国的 TACS 为代表。

(2)第二代蜂窝技术

20 世纪 90 年代,以欧洲的 GSM 和美国的 IS-54(DAMPS)和 IS-95(CDMA)为代表。其中 GSM 数字移动通信系统与原模拟系统不兼容,而美国 IS-54、IS-95 兼容了原来的 AMPS 系统,手机是双模的。

（3）第三代蜂窝技术

2000 年以后，以宽带 WCDMA、CDMA2000、TDS-CDMA 为代表。第三代技术集中致力于服务质量、系统容量、个人和终端的移动性等方面，第三代技术根据不同的运行环境采用不同的小区结构，小区的结构包括常规的微小区到室内的甚微小区。

2.小区基站的设置方式

在蜂窝系统中，小区基站的设置方式有以下两种。

（1）中心发射小区

基站处于小区的中心位置，基站天线采用全向天线。

（2）边角发射小区

基站处于小区的边角位置，基站天线采用扇形天线。

3.小区分裂

在通信需求日益递增的今天，通信容量是一个各系统倍加关注的问题。在蜂窝系统中，采用小区分裂方式可以增加通信容量。

小区分裂是指当一个小区的用户达到一定数量后，使用几个较低发射功率的基站小区代替原有的一个基站区。

在这里仅仅关注以下两个容量概念。

（1）小区容量

小区容量是指每个小区在单位带宽内所能支持的最大用户数。

（2）系统容量

系统容量是指整个系统在单位带宽、单位面积内所能支持的最大用户数。系统容量与小区容量成正比。要注意的是，小区分裂也受用户密度、传播条件等因素的制约，不是分得越小越好。

4.蜂窝通信的特点

第一，通过将小区分裂或者划分扇区来增大容量。

第二，通过控制发射功率实现频率再用。

（二）蓝牙技术

1.蓝牙技术的版本

蓝牙技术能在掌上电脑、移动电话、台式机、笔记本电脑、MP3 等电子产品之间建立起一种小型、经济、短距离的无线链路,即不用连线就能分享信息。

蓝牙技术工作于 2.4 G 频段,该工作频段在大多数国家均可使用,且不用申请许可证。蓝牙技术共有六个版本 V1.1/1.2/2.0/2.1/3.0/4.0,按照通信距离每个版本又可分为两个版本。

(1)ClassA

该版本因为成本高且耗电量大,一般不适合做个人通信产品之用(如手机、蓝牙耳机等),多用在商业特殊用途上,通信距离大约在 80 m 到 100 m 之间。

(2)ClassB

该版本耗电量低,体积小,便于携带,多用于手机、蓝牙耳机等个人通信产品上,通信距离在 8 m 到 30 m 之间。

蓝牙 4.0 包括传统蓝牙技术、高速蓝牙技术、低功耗蓝牙技术,它成本低、支持跨厂商操作,具有 3 毫秒低延迟、100 米以上超长距离、128 位加密和 PIN 码验证等特点。

2. 蓝牙系统的组成

蓝牙系统一般由天线、链路控制、链路管理和软件等单元构成。

第一,天线,使用微带天线,体积小、重量轻。

第二,链路控制单元,包括射频收发器、连接控制器和基带处理器。基带处理器负责使跳频时钟与跳频频率同步,为数据分组提供对称和非对称连接,实现数据的定义、前向纠错、循环冗余校验、信道选择、认证加密、编解码等功能。射频收发器将经过基带处理器的数据报通过无线电信号以一定的功率和跳频频率发送出去,实现蓝牙设备间的无线连接。连接控制器负责处理基带协议和其他底层常规协议。

第三,链路管理单元,负责连接、建立和拆除链路,并进行安全管理。

第四,蓝牙软件是独立的操作系统,不与任何其他操作系统捆绑,它包含链路管理协议、逻辑链路控制与应用协议、串行仿真协议、服务发现协议。

3. 蓝牙技术的基本特点

第一,采用扩频跳频全双工信号,信号以 1MHz 为间隔在 79 个频率间跳跃,以提高抗干扰性能。

第二,蓝牙技术功耗极低。

第三,蓝牙技术由于工作在 2.4 G,因此全球可用。

第四,蓝牙技术不需要固定的基础设施,易于安装和设置。

第五,一台蓝牙设备可同时与多台蓝牙设备连接。

## (三)卫星技术

卫星通信是指地球上的无线电通信站之间利用人造卫星作为中继转发站而实现多个地球站之间的通信,卫星接入技术是指利用卫星进行宽带接入。

### 1.卫星通信的优点

卫星通信具备以下优点:

第一,通信距离远,覆盖面积大。

第二,具有多址连接通信特点,灵活性大。

第三,可用频带宽,通信容量大。

第四,传输稳定可靠,通信质量高。

第五,通信费用与通信距离无关。

### 2.卫星通信的发展

卫星通信发展到目前经过了三个阶段。

(1)20 世纪 50 年代到 60 年代

随着国外一些国家相继成功发射卫星,宣告人造卫星时代来临,1964 年国际电信卫星组织(INTELSAT)成立。

(2)20 世纪 60 年代中期到 80 年代初期

1965 年代号为"S-1"和"MOLNIYA-1"的卫星相继进入轨道后,卫星通信转为实用阶段。

1979 年,国际海事卫星组织成立,提供全球范围内移动卫星通信。

1982 年,国际海事卫星通信进入运行阶段。

(3)1998 年到现在

1998 年,LEO 星座引入手机通信业务,使非静止轨道卫星进入运行阶段,2000 年后,卫星通信进入宽带个人通信阶段。

### 3.卫星宽带接入技术

#### (1)LEO 卫星通信系统

按照卫星工作轨道区分,卫星通信系统可以分为 GEO 高轨道通信系统(距地面 35 800 km,即同步静止轨道)、MEO 中轨道通信系统(距地面 2 000~20 000 km)、LEO 低轨道通信系统(距地面 500~2 000 km)、HEO 高椭圆轨道通信系统(近地点轨道高度 1 000~21 000 km,远点 39 500~50 600 km),其中 LEO 卫星通信系统传输时延和功耗都比较小。

LEO 卫星通信系统由卫星星座、关口地球站、系统控制中心、网络控制中心和用户单元等组成。

在该通信系统中,多颗卫星分布在若干个轨道平面上,由通信链路将之连接起来,在地球表面上的蜂窝状服务小区内用户至少被其中一颗卫星覆盖,用户可以随时高速接入系统。

LEO 卫星通信系统由于轨道低,每颗卫星覆盖范围较小,构成全球系统需要数十颗卫星,如铱星系统有 66 颗卫星,Globalstar 有 48 颗卫星,Teledisc 有 288 颗卫星。

铱星系统是利用低轨道卫星群实现全球卫星移动通信的卫星通信系统,由卫星星座、地面控制设施、关口站以及用户终端构成,其卫星群由 66 颗卫星构成,分别处于 6 条高度为 765 km 的圆形极地轨道上,通过微波链路形成全球连接网络。铱星系统的每颗星可以提供 48 个点波束,在地球表面形成 48 个蜂窝区,每个点波束平均包含 80 个信道,即每颗星可提供 3 840 个全双工电路信道。铱星系统具有空间交换和路由选择功能,且采用七小区频率再用方式,任意两个使用相同频率的小区之间由两个缓冲小区隔开,以进一步提高频谱资源,因此每一个信道在全球范围内再用 200 次。

全球星系统是由美国 LQSS 公司提出的低轨道卫星移动通信系统。全球星系统不单独组网,它只保证全球范围内任意用户随时可以通过该系统接入地面公共网联合组网,其连接接口设在关口站。

全球星系统由空间段、地面段与用户段三部分构成。

其空间段由 48 颗工作卫星和 8 颗备用卫星组成,其工作卫星分布在 8 个高度为 1 414 km 的轨道上。其传输和处理时延均小于 300 ms,用户基本感觉不到时延,该系统每颗星有 16 个点波束,2 800 个双工话音信道或数据信道。

其地面段由全球星控制中心和关口站构成。

该系统设置了一主一备两个控制中心,负责管理关口站、数据网,并监视工作卫星的运行情况。全球星控制中心包括地面操作控制中心、卫星操作控制中心和发射控制设施。地面操作控制中心负责执行网络计划、分配信道使用资源、管理用户计费账单。卫星操作控制中心管理和控制卫星发射的工作和通过无线电通信了解卫星在轨道上的工作情况,控制卫星的轨道操作。

关口站是指在全球各地设置的地面站,每个关口站均可与 3 颗卫星通信,来自不同卫星或同一卫星的不同数据流信号经由它组合在一起,实现无缝隙覆盖。卫星网与地面公共网经过关口站连接起来,用户端可通过一颗或多颗卫星和一个关口站实现全球任何地区的通信。

用户段即使用全球星系统业务的用户终端设备,包括手持式、车载式和固定式,其中手持式有全球星单模、全球星/GSM 双模、全球星/CDMA/AMPS 三模三种模式,用户终端可提供话音、数据、三类传真、定位等业务。

全球星系统相对于铱星系统来说具备高技术、高质量、低成本的特点,因此在铱星系统宣布破产的同时,全球星系统却逐步发展起来。

(2)VSAT 接入技术

VSAT 甚小孔径卫星通信系统是指由大量天线口径为 0.3 m 到 2.8 m 的小地球站(小站/终端站)与一个大地球站(大站/主站)协同工作,构成的卫星通信网。

VSAT 卫星通信网络主要由主站、VSAT 终端站、卫星转发器和网络管理系统 NMS 组成。

主站也被称为中枢站,是整个 VSAT 网的心脏,网络管理系统 NMS 就设置在主站。主站发射功率高,天线也比小站大很多,一般在 3.5 m 到 8 m、7 m 到 13 m。

终端站即小站。其作用是对经地面接口线路传来的各种用户信号分别用相应的终端设备对其进行转换、编排及其他基带处理,形成适合卫星信道传输的基带信号,另外将接收到的基带信号进行上述相反的处理。在星形结构中,小站通过卫星信道与主站间进行数据传递,小站与小站之间不能互通;在网状结构中,小站与小站之间通过卫星信道进行信息传递。小站设备配置相对主站比较简单,发射功率低,天线尺寸小,不能发射视频信号,小站一般由小口径天线、室外单元与室内单元组成。

VSAT 通信特点是 VSAT 组网灵活、独立性强,其网络结构、技术性能、设备特性和网络管理均可以根据用户要求进行设计和调整;VSAT 终端具有天线小、结构紧凑、功耗小、成本低、安装方便、环境要求低等特点。

VSAT 与普通卫星通信系统相比,有以下区别:①VSAT 系统出主站数据速率高,且连续传送;入主站数据流速率较低,且必须是突发性的。②通信速率高,端站接入速率可达 64 kbit/s 甚至可达 2 Mbit/s。③具有智能的地球站。④支持多种通信方式和多种接口协议,直接接入通信终端设备,便于同其他计算机网络互联。⑤地球站通信设备结构必须小巧紧凑,功耗低,安装方便。

4.卫星宽带接入的特点

(1)使用数据包分发技术来提高传输速度

数据包分发服务利用卫星信道,采用组播方式传递信息,用户无须其他操作,只要打开计算机就可以接收信息,其传输速率高达 3 Mbps。

(2)能提供 IP 视频流多点传送

IP 视频流多点传送是利用卫星技术的广播和覆盖范围大的特点,为广大用户提供视频实时传送服务。

(3)高速接入

卫星通信技术将用户的上行数据和下行数据分离,上行数据可通过现有的 MODEM 和 ISDN 等方式传输,而大量的下行数据则通过 54 M 宽带卫星转发器直接发送到用户端。

(4)数据传输性能稳定

现阶段的卫星通信因为使用了 KU 波段和高功率卫星,相对传统的 C 波段卫星,其对应天气变化等因素的抗干扰性能已经大大提高,可以确保数据信息在传输时有较强的稳定性。

## (四)5G 技术

第五代移动通信技术是具有高速率、低时延和大连接特点的新一代宽带移动通信技术,是实现人机物互联的网络基础设施。

国际电信联盟定义了 5G 的三大类应用场景,即增强移动宽带(eMBB)、超高可靠低时延通信(uRLLC)和海量机器类通信(mMTC)。增强移动宽带主要面向移动互联网流量爆炸式增长,为移动互联网用户提供更加极致的应用体验;超高可靠低时延通信主要面向工业控制、远程医疗、自动驾驶等对时延和可靠性具有极高要求的垂直行业应用需求;海量机器类通信主要面向智慧城市、智能家居、环境监测等以传感和数据采集为目标的应用需求。

为满足 5G 多样化的应用场景需求,5G 的关键性能指标更加多元化。国际电信联盟定义了 5G 八大关键性能指标,其中高速率、低时延、大连接成为 5G 最突出的特征,用户体验速率达 1 Gbps,时延低至 1 ms。

2018 年 6 月 3GPP 发布了第一个 5G 标准(Release-15),支持 5G 独立组网,重点满足增强移动宽带业务。2020 年 6 月 Release-16 版本标准发布,重点支持低时延高可靠业务,实现对 5G 车联网、工业互联网等应用的支持。Release-17 版本标准重点实现差异化物联网应用,实现中高速大连接。

1. 性能指标

第一,峰值速率需要达到 10~20 Gbit/s,以满足高清视频、虚拟现实等大数据量传输。

第二,空中接口时延低至 1 ms,满足自动驾驶、远程医疗等实时应用。

第三,具备百万连接/平方公里的设备连接能力,满足物联网通信。

第四,频谱效率要比 LTE 提升 3 倍以上。

第五,连续广域覆盖和高移动性下,用户体验速率达到 100 Mbit/s。

第六,流量密度达到 10 Mbps/m$^2$ 以上。

第七,移动性支持 500 km/h 的高速移动。

2. 关键技术

(1)5G 无线关键技术

5G 国际技术标准重点满足灵活多样的物联网需要。在 OFDMA 和 MIMO 基础技术上,5G 为支持三大应用场景,采用了灵活的全新系统设计。在频段方面,与 4G 支持中低频不同,考虑到中低频资源有限,5G 同时支持中低频和高频频段,其中中低频满足覆盖和容量需求,高频满足在热点区域提升容量的需求,5G 针对中低频和高频设计了统一的技术方案,并支持百MHz 的基础带宽。为了支持高速率传输和更优覆盖,5G 采用 LDPC、Polar 新型信道编码方案、性能更强的大规模天线技术等。为了支持低时延、高可靠,5G 采用短帧、快速反馈、多层/多站数据重传等技术。

(2)5G 网络关键技术

5G 采用全新的服务化架构,支持灵活部署和差异化业务场景。5G 采用全服务化设计,模块化网络功能,支持按需调用,实现功能重构;采用服务化描述,易于实现能力开放,有利于引入 IT 开发实力,发挥网络潜力。5G 支持灵活部署,基于 NFV/SDN,实现硬件和软件解耦,实现控制和转发分离;采用通用数据中心的云化组网,网络功能部署灵活,资源调度高效;支持边缘计算,云计算平台下沉到网络边缘,支持基于应用的网关灵活选择和边缘分流。通过网络切片满足 5G 差异化需求,网络切片是指从一个网络中选取特定的特性和功能,定制出的一个逻辑上独立的网络,它使得运营商可以部署功能、特性服务各不相同的多个逻辑网络,分别为各自的目标用户服务,目前定义了三种网络切片类型,即增强移动宽带、低时延高可靠、大连接物联网。

# 第五节　无线组网设备

## 一、无线网卡

无线网卡是使终端电脑能通过无线连接网络进行上网的无线终端设备。

（一）无线网卡分类

①台式机专用的 PCI 接口无线网卡。

②笔记本专用的 PCMCIA 接口无线网卡。

③USB 接口无线网卡。

④笔记本电脑内置的 MINI-PCI 无线网卡。

## (二)无线网卡的基本工作原理

光有无线网卡是不能进行无线上网的,还必须满足以下两个条件。

①有无线路由器。

②有无线 AP 的覆盖。

无线网卡与无线路由器(无线 AP)的关系是,无线路由器发出无线信号,无线网卡负责接收和发送数据。

按照 IEEE 802.11 协议,无线网卡分为媒体访问控制层(MAC)和物理层,在两者之间,还定义了媒体访问控制－物理子层。MAC 层提供主机与物理层之间的接口,并管理外部存储器,物理层具体实现无线信号的接收与发射,媒体访问控制－物理子层则负责实现数据的打包和拆包,把必要的控制信息放在数据包前面。

首先物理层接收到信号并确认无错,然后提交给媒体访问控制－物理子层,由媒体访问控制－物理子层拆包,再将数据上交给媒体访问控制层,再判断是不是发给本网卡的数据,是就上交,不是就丢弃。

而物理层如果判断发给本网卡的信号有错,则会通知发送端重发,当网卡要发送数据时,会根据信道的空闲状态选择是否发送。

另外,要提醒大家注意的是一点:网卡与上网卡是两个不同的概念。网卡是连接局域网的设备,而如果在没有无线局域网覆盖的地方,想要通过无线广域网实现无线上网的话,还要另外配置无线上网卡。

# 二、无线接入器

无线接入器即在前面提到的无线 AP 又被称作无线接入点,它是移动终端进入有线网络的接入点。

无线 AP,从广义上讲它是无线接入点、无线路由器、无线网关、无线网桥等类设备的总称;从狭义上讲,单指单纯性无线 AP,它主要提供无线工作站与有线局域网之间以及无线工作站之间的数据交换服务。当然,很多无线 AP 之间也可以进行无线连接。

单纯性无线 AP 基本上就是无线交换机,负责发送和接收无线信号。一般无线 AP 的最大覆盖距离可达 300 m(实际上一般是室内 30 m,室外无障碍的话 100 m)。

## 三、无线交换机

在无线交换机出现之前,WLAN 通过 AP 连接有线网络,使用安全软件、管理软件等来实现管理。这种智能 AP 被称为胖 AP,它本身就有交换机的作用。虽然它的功能很多,但安装很难,且价格高昂。

无线交换机的出现,引出了"瘦 AP"的说法。瘦 AP 仅仅是无线局域网交换系统中的一部分,只负责管理安装和操作。无线交换机能够管理很多瘦 AP,无线交换机+瘦 AP 的模式由于安装方便、价格便宜越来越流行。

在这种方式中,AP 基本零配置,其配置和软件都需从无线交换机上下载,所有 AP 与无线终端的管理都在无线交换机上完成。

### (一)无线交换机+瘦 AP 的连接方式

无线交换机+瘦 AP 的连接方式分类。

#### 1. 直连方式

无线交换机与 AP 直接发生联系。

#### 2. 通过二层网络连接方式

无线交换机与 AP 通过 2 层 LAN 发生联系。

#### 3. 通过三层网络连接方式

无线交换机与 AP 通过 3 层 LAN 发生联系。

### (二)AP 与无线交换机之间的连接流程

在这里,简单介绍 AP 与无线交换机通过二层网络进行连接的连接流程:

首先,AP 通过 DHCP Server 获取 IP 地址,然后,AP 发出二层广播的发现请求报文试图联系某个无线交换机。接收到报文的交换机审核该 AP 是否有接入权限,如果有则响应。接到响应的 AP 从交换机下载软件和配置,然后与交换机之间进行用户数据传递。

## 四、无线路由器

无线路由器即带有无线覆盖功能的路由器。它利用其无线覆盖功能,在其有效范围内,负责宽带网络用户端与其附近的无线终端设备如手机、笔记本电脑等之间的数据转发。

无线路由器除了具备单纯性无线 AP 所有功能如支持 VPN、防火墙等,还包括了网络地址转换功能,可以支持局域网用户的网络连接。

无线路由器可以与所有以太网接的 ADSL MODEM 或 CABLE MO-DEM 直接连接,也可以通过交换机、宽带路由器等局域网方式再接入。

### (一)无线路由器工作原理

当用户要向某个目的地发送数据时,首先由路由器中与用户所在网络相连接端口接收带有目的地地址的数据帧,然后判断识别是否需要转发,如果需要转发则接收,并分析计算最佳传递路径,进行转发。

路由器的工作原理与宽带路由器的工作原理差不多,只是收发数据采用无线的方式罢了。

### (二)无线路由器安全设置

基于无线网络传递数据比有线网络更容易被窃取,因此无线局域网系统中加密和认证是非常必要的措施。

### 1. WEP(有线对等保密协议)

为了能达到与有线业务同样的安全等级,IEEE 802.11 采用了 WEP 协议,该协议主要用于无线局域网里数据链路层信息数据的保密。

WEP 加密默认禁用,即不加密,在启用加密后,两个设备间要进行通信,必须都启用加密且具有相同的加密密钥。WEP 密钥可以是随机生成的十六进制数字,也可以是用户自行选择的 ASCII 字符,并且可以根据需要经常更改密钥,以增加网络安全性。

### 2. WPA(Wi-Fi 安全存取)

由于 WEP 协议要求所有涉及通信的网络设备均采用同样的密钥,这就给了窃取者太多的机会,WEP 在这上面的不安全性已经被证实,为了弥补这个致命的弱点,Wi-Fi 联盟提出了 WPA,作为 802.11i 协议完善之前的过渡。

WPA 是根据通用密钥,配合表示电脑 MAC 地址和分组信息顺序号的编号,分别为每个分组信息产生不同的密钥,然后与 WEP 一样将此密钥用于 RC4 加密处理。WPA 还具有防止数据中途被篡改的功能和认证功能。

由于经过这样的处理后,所有客户端所交换的信息由各不相同的密钥加密,要想破译出原始的通用密码几乎是不太可能,其安全性比 WEP 高上了不少倍。

WPA 的数据加密采用临时密钥完整性协议(TKIP),认证有两种模式:一是使用 802.1X 协议进行认证;二是采用预共享密钥 PSK。

### 3. IEEE 802.11i

完整的 IEEE 802.11i 是在 2004 年 7 月推出的,它是 IEEE 为弥补 802.11 的安全加密功能(WEP)而制定的修正案。它定义了基于高级加密标准(AES,又称 Rijndael 加密法)的全新加密协议 CCMP,以及向前兼容 RC4 的加密协议 TKIP。

AES 是美国联邦政府采用的一种区块加密标准,该算法为比利时密码学家 Joan Daemen 和 Vincent Rijmen 所设计。

CCMP 即计数器模式密码块链消息完整码协议,它主要由 CTR mode(加密算法)以及 CBC-MAC mode(用于讯息完整性的运算)组成。

## 五、无线网桥

网桥又叫桥接器,它是在数据链路层实现局域网互联的存储转发设备,它可以在局域网之间进行有效的联结。

无线网桥就是使用无线通信技术实现两个或多个局域网之间的桥接。

因为一些实际的原因,如移动作业或者地理环境所限等,不是所有的场合都可以采用有线桥接来进行远程网络的互联,无线网桥的出现填补了这方面的空白。

### (一)无线网桥的构成

虽然现在市场上的不少无线 AP、无线路由器也有网络桥接的功能,其工作原理基本一致,但是无线网桥相对于它们来说,更适于室外远距离的应用,因此其结构也比无线 AP、无线路由器来得复杂些。

无线网桥主要由无线网桥主设备(无线收发器)和天线组成。无线收发器由发射机和接收机组成,发射机负责将来自局域网的数据按照需求进行编码,然后通过天线发射出去;接收机则负责将天线接收过来的信号进行译码还原,再送到局域网。

天线配置主要有全向天线、扇面天线、定向天线几种。

### 1. 全向天线

这种天线将信号均匀分布在中心点周围 360°全方位区域,适于链接点距离较近,分布角度范围大,且数量较多的情况下使用。

### 2. 扇面天线

此类天线具有能量定向聚集功能,可以有效地进行 180°、120°、90°、60°范围内的覆盖,适于远程链接点在某一角度范围内比较集中时使用。

### 3. 定向天线

这类天线的能量聚集能力最强,信号的方向指向性极好,因此当远程链接点数量较少,或者角度方位相当集中时,采用它是最佳方案。

而在实际的应用中,因为以上三种天线各自有优缺点,因此会根据实际情况选择组合方式进行配置。

## (二)无线网桥的桥接模式

### 1. 点对点桥接方式

点对点桥接方式即直接传输,可以用来连接分属于不同位置的两个固定的网络,这种方式一般由一对桥接器和一对定向放置的天线组成。

### 2. 点对多点桥接方式

这种桥接方式是把一个网络设置为中心点负责发送无线信号,而其他网络接受点进行信号接收,它可以把多个离散的远程网络连接起来。

### 3. 中继方式

中继方式即间接传输方式。这种方式位于两个不同位置需要相互连接的 B 网络和 C 网络互不可见,但是它们可以通过一个中间的 A 建筑间接可见。其中,B、C 点各自放置桥接器和定向天线,而 A 点则作为中继点,其配置方式可以有以下几种方式选择:①在传输带宽要求不高,传输距离较近的情况下可以只配置一台桥接器和一面全向天线。②如果中继点采用的是点对多的方式,可以在中继点的网桥上插多块无线网卡分别馈接多部定向天线,指向多个局域网。③放置两台网桥和两面定向天线。

## 六、无线网关

网关是指一个网络连接到另一个网络的接口,它可以支持不同协议之间的转换,实现不同协议网络之间的互联。

无线网关顾名思义即采用无线技术实现网关功能的网络连接设备,而由于技术的发展,现目前无线 AP、无线路由器、无线网桥等设备的功能发展有趋同的趋势,而现在所说的无线网关实际上是指集成了简单路由功能的无线 AP,通过不同设置可以完成无线网桥和无线路由器的功能,直接连接外部网络,实现 AP 的功能。

其设置方式可以分为手动设置和自动设置两种方式。手动设置方式因其手动更改默认网关比较麻烦,因此一般只用于电脑数量较少,且 TCP/IP 参数基本不变的场合;自动设置利用 DHCP 服务器来自动给网络中的电脑分配 IP 地址、子网掩码和默认网关,比较适用于网络规模较大,TCP/IP 参数有可能变动的地方。

无线网关特别适用于中小办公室、家庭、大企业的分支机构等地方。

## 七、无线调制解调器

调制解调器实际上是调制器与解调器的总称。调制器是负责把来自计算机的数字信号进行调制,加载在高频模拟信号上,以适于在电话线上进行远距离传送;解调器则负责把接收到的已调制信号,重新翻译解释成终端设备能够读懂的数字信号。

无线调制解调器又被称为无线猫,即采用无线技术实现调制解调过程的设备,它一般由基带处理、调制解调、信号放大和滤波、均衡等几部分组成。

无线调制解调器的应用模式主要有 GSM 通信模式和 TCP/IP 通信模式两种。

GSM 通信模式包括电路交换和短信通信两种;电路交换模式主要应用于语音通信;短信通信则类似于手机收发短信方式。

TCP/IP 通信模式是基于 IP 网络通信的方式,首先进行 PPP 拨号,获取无线网络 IP 地址,然后方能进行通信。

# 第七章　网络安全

## 第一节　网络安全基本概念

随着网络应用的普及和电子商务、电子政务的开展和应用,网络安全已经不再仅仅为科学研究人员和少数黑客所涉足,日益庞大的网络用户群同样需要掌握网络安全知识。如何更有效地保护重要的信息数据,提高计算机网络系统的安全性已经成为所有计算机网络应用必须考虑和必须解决的一个重要问题。

### 一、网络安全的概念及分类

#### (一)网络安全的概念

计算机安全应包括单一环境下的计算机安全和整个计算机网络的安全。所有安全上的风险都与访问计算机的用户有关,也就是攻击者来自具有访问计算机权限的用户或者是通过一些用非法手段访问计算机的人。任何一台连接到网络上的计算机都有可能被其他人滥用或误用。没有一种完全可靠的方法确保计算机网络的安全,即使今天最昂贵、最先进的硬件和软件安全解决方案也如此。因此,采取预防性的安全措施并始终关注计算机网络领域的安全问题可以大大降低安全风险。

从本质上来讲,网络安全就是网络上的信息安全,是指网络系统的硬件、软件及其系统中的数据受到保护,系统能够连续、可靠、正常地运行,网络服务不中断。广义地说,凡是涉及网络上信息的保密性、完整性、可用性、真实性和可控性的相关技术和理论都是网络安全所要研究的领域。网络安全涉及的内容既有技术方面的问题,也有管理方面的问题,两方面相互补充,缺一不可。技术方面主要侧重于防范外部非法用户的攻击,管理方面则侧重于内部人为管理的因素。

## (二)网络安全的分类

### 1.运行系统安全

运行系统安全即保证信息处理和传输系统的安全。它侧重于保证系统正常运行,避免因为系统的崩溃和损坏而对系统存储、处理和传输的信息造成破坏和损失,避免由于电磁泄漏产生信息泄露,干扰他人或受他人干扰。

### 2.网络上系统信息的安全

网络上系统信息的安全包括用户口令鉴别、用户存取权限控制、数据存取权限、方式控制、安全审计、安全问题跟踪、计算机病毒防治和数据加密。

### 3.网络上信息传播安全

网络上信息传播的安全即信息传播后果的安全,包括信息过滤等。它侧重于防止和控制非法、有害的信息传播的后果,避免公用网络上大量自由传输的信息失控。

### 4.网络上信息内容的安全

网络上信息内容的安全侧重于保护信息的保密性、真实性和完整性,避免攻击者利用系统的安全漏洞进行窃听、冒充、诈骗等有损于合法用户的行为,本质上是保护用户的利益和隐私。

# 二、网络安全威胁

目前网络中存在的威胁主要表现在以下几个方面。

## (一)非授权访问

没有预先经过同意就使用网络或计算机资源被看作是非授权访问,如有意避开系统访问控制机制,对网络设备及资源进行非正常使用或擅自扩大权限,越权访问信息。非授权访问主要包括以下几种形式:假冒、身份攻击、非法用户进入网络系统进行违法操作、合法用户以未授权方式进行操作等。

## (二)泄露或丢失信息

泄露或丢失信息是指敏感数据被有意泄露出去或丢失,通常包括信息在传输中丢失或泄露(如黑客们利用电磁泄漏或搭线窃听等方式截获机密信息，或通过对信息流向、流量、通信频度和长度等参数的分析，得到用户密码、账号等重要信息），信息在存储介质中丢失或泄露，敏感信息被隐蔽隧道窃取等。

### (三)破坏数据完整性

破坏数据完整性是指以非法手段窃得对数据的使用权，删除、修改、插入或重发某些重要信息，以取得有益于攻击者的响应，恶意添加、修改数据，以干扰用户的正常使用等。

### (四)拒绝服务攻击

拒绝服务攻击是指通过不断对网络服务系统进行干扰，改变其正常的作业流程，执行无关程序响应来减慢甚至使网络服务瘫痪，影响正常用户的使用，导致合法用户被排斥而不能进入计算机网络系统或不能得到相应的服务等。

### (五)利用网络传播病毒

利用网络传播病毒是指通过网络传播计算机病毒，其破坏性大大高于单机系统，而且用户很难防范。

## 三、网络安全的结构层次与主要组成

网络安全的结构层次主要包括物理安全、安全控制和安全服务。

### (一)物理安全

物理安全是指在物理介质层次上对存储和传输的网络信息的安全保护，也就是保护计算机网络设备、设施以及其他媒体免遭地震、水灾、火灾等环境事故以及人为操作失误或错误及各种计算机犯罪行为导致的破坏过程。物理安全是网络信息安全的最基本保障，是整个安全系统不可缺少和忽视的组成部分，它主要包括以下三个方面。

#### 1.环境安全

环境安全是指对系统所在环境的安全保护，如区域保护和灾难保护。

#### 2.设备安全

设备安全主要包括设备的防盗、防电磁信息辐射泄漏、防止线路截获、抗电磁干扰及电源保护等。

### 3.媒体安全

媒体安全主要包括媒体数据的安全及媒体本身的安全。目前,该层次上常见的不安全因素包括三大类:即自然灾害(比如地震、火灾、洪水等)、物理损坏(比如硬盘损坏、设备使用寿命到期、外力破损等)和设备故障(比如停电断电、电磁干扰等)。此类安全因素的特点是突发性、自然性、非针对性。这种不安全因素对网络信息的完整性和可用性威胁最大,而对网络信息的保密性影响却较小,因为在一般情况下,物理上的破坏将销毁网络信息本身。解决此类安全隐患的有效方法是采取各种防护措施、制定安全规章制度等。

### (二)安全控制

安全控制是指在网络信息系统中对存储和传输信息的操作和进程进行控制和管理,重点是在网络信息处理层次上对信息进行初步的安全保护,安全控制可以分为以下三个层次。

### 1.操作系统的安全控制

操作系统的安全控制是指对用户的合法身份进行核实,如开机时要求键入口令,对文件的读写存取的控制,如文件实行属性控制机制,此类安全控制主要是保护被存储数据的安全。

### 2.网络接口模块的安全控制

网络接口模块的安全控制是指在网络环境下对来自其他机器的网络通信进程进行安全控制,此类控制主要包括身份认证、客户权限设置与判别、审计日志等。

### 3.网络互联设备的安全控制

网络互联设备的安全控制是指对整个子网内的所有主机的传输信息和运行状态进行安全监测和控制,此类控制主要通过网管软件或路由器配置实现。

需要指明的是,安全控制主要通过现有的操作系统或网管软件、路由器配置等实现。安全控制只提供了初步的安全功能和网络信息保护。

### (三)安全服务

安全服务是指在应用层对网络信息的保密性、完整性和信源的真实性进行保护和鉴别,满足用户的安全需求,防止和抵御各种安全威胁和攻击手段。安全服务可以在一定程度上弥补和完善现有操作系统和网络信息系统的安全漏洞。

安全服务的主要内容包括安全机制、安全连接、安全协议、安全策略等。

### 1.安全机制

安全机制是利用密码算法对重要而敏感的数据进行处理。比如:以保护网络信息的保密性为目标的数据加密和解密;以保证网络信息来源的真实性和合法性为目标的数字签名和签名验证;以保护网络信息的完整性为目标的,防止和检测数据被修改、插入、删除和改变的信息认证等。安全机制是安全服务乃至整个网络信息安全系统的核心和关键,现代密码学在安全机制的设计中扮演着重要的角色。

### 2.安全连接

安全连接是在安全处理前与网络通信方之间的连接过程,它为安全处理做了必要的准备工作。安全连接主要包括会话密钥的分配、生成和身份验证,后者旨在保护信息处理和操作的对等双方的身份真实性和合法性。

### 3.安全协议

安全协议使网络环境下互不信任的通信方能够相互配合,并通过安全连接和安全机制的实现来保证通信过程的安全性、可靠性和公平性。

### 4.安全策略

安全策略是安全体制、安全连接和安全协议的有机组合方式,是网络信息系统安全性的完整的解决方案。安全策略决定了网络信息安全系统的整体安全性和实用性,不同的网络信息系统和不同的应用环境需要不同的安全策略。

## 四、网络安全组件

网络的整体安全是由安全操作系统、应用系统、防火墙、网络监控、安全扫描、信息审计、通信加密、灾难恢复、网络反病毒等多个安全组件共同组成的,每一个单独的组件只能完成其中的部分功能,而不能完成全部功能。

## （一）防火墙

防火墙是指在两个网络之间加强访问控制的一整套装置，是软件和硬件的组合体，通常被比喻为网络安全的大门，用来鉴别什么样的数据包可以进出企业内部网。在可信任的内部网和不可信任的外部网之间构造一个保护层。防火墙可以阻止基于 IP 包头的攻击和非信任地址的访问，但无法阻止基于数据内容的黑客攻击和病毒入侵，同时也无法控制内部网络之间的攻击行为。

## （二）扫描器

扫描器是一种自动检测远程或本地主机安全性弱点的程序，通过使用扫描器可以自动发现系统的安全缺陷。但是，扫描器无法发现正在进行的入侵行为，而且它也可以被攻击者加以利用，扫描器可以分为主机扫描器和网络扫描器。

## （三）防毒软件

防毒软件可以实时检测、清除各种已知病毒，具有一定的对未知病毒的预测能力，利用代码分析等手段能够检查出最新病毒。在应对网络入侵方面，它可以查杀特洛伊木马和蠕虫等病毒程序，但不能有效阻止基于网络的攻击行为。

## （四）安全审计系统

安全审计系统对网络行为和主机操作提供全面、翔实的记录，其目的是测试安全策略是否完善，证实安全策略的一致性，方便用户分析与审查事故原因，收集证据以用于起诉攻击者。

前四种安全组件对正在进行的外部入侵和网络内部攻击缺乏检测和实时响应功能，但这些在入侵检测系统（IDS）上得到了圆满的解决。

## （五）入侵检测系统

防火墙所暴露出来的不足和弱点，引发了人们对 IDS 技术的研究和开发，它被认为是防火墙之后的第二道安全闸门，在不影响网络性能的情况下对网络进行检测，从而提供对内部攻击、外部攻击和误操作的实时保护。

### 1. 入侵检测系统的主要功能

①监控、分析用户和系统的活动。

②检查系统配置和漏洞。

③评估关键系统和数据文件的完整性。

④识别攻击的活动模式，并向网管人员报警。

⑤对异常活动的统计分析。

⑥操作系统审计跟踪管理，识别违反政策的用户活动。

⑦评估重要系统和数据文件的完整性。

2.入侵检测系统可分为主机型和网络型两种

（1）主机型入侵检测系统

主机型入侵检测系统（Host Intrusion Detection System，HIDS）主要用于保护运行关键应用的服务器，它通过监视与分析主机的审计记录和日志文件来检测入侵。

HIDS 的优点有以下几点：确定攻击是否成功、监控粒度更细、配置灵活、可用于加密和交换的环境、对网络流量不敏感和不需要额外的硬件。

HID 的缺点有以下几点：占用主机资源，在服务器上产生额外负载，缺乏平台支持，可移植性差。

（2）网络入侵检测系统

网络入侵检测系统（Network Intrusion Detection System，NIDS）主要用于实时监控网络关键路径信息，它通过侦听网络上的所有分组来采集数据，分析可疑现象，NIDS 通常利用一个运行在混杂模式下的网络适配器来实时监视并分析通过网络的所有通信业务。

NIDS 的优点有以下几点：检测速度快、隐蔽性好、视野更宽、较少的检测器、攻击者不易转移证据、操作系统无关性和配置在专用机器而不占用额外资源。

NIDS 的缺点有以下几点：只能监视本网段的活动，精确度不高；在交换环境下难以配置；防入侵欺骗的能力较差；难以定位入侵者。

## 五、安全策略的制定与实施

安全的基石是社会法律、法规与手段，即通过建立与信息安全相关的法律、法规，使非法分子慑于法律，不敢轻举妄动。先进的安全技术是信息安全的根本保障，用户对自身面临的威胁进行风险评估，决定其需要的安全服务种类，选择相应的安全机制，然后集成先进的安全技术。使用计算机网络的机构、企业和单位应建立相应的信息安全管理办法,加强内部管理,建立审计和跟踪体系,提高整体信息安全意识。

(一)安全工作的目的

安全工作的目的就是在法律、法规、政策的支持与指导下,通过采用合适的安全技术与安全管理措施,达到以下目的。

第一,使用访问控制机制,阻止非授权用户进入网络,从而保证网络系统的可用性。

第二,使用授权机制,实现对用户的权限控制,同时结合内容审计机制,实现对网络资源及信息的可控性。

第三,使用加密机制,确保信息不暴露给未授权的实体或进程,从而实现信息的保密性。

第四,使用数据完整性鉴别机制,保证只有得到允许的人才能修改数据,从而确保信息的完整性。

第五,使用审计、监控、防抵赖等安全机制,并进一步对网络出现的安全问题提供调查依据和手段,实现信息安全的可审查性。

(二)安全策略

安全策略是指在某个特定的环境中,为达到一定级别的安全保护需求所必须遵守的诸多规则和条例。安全策略包括三个重要组成部分:安全立法、安全管理和安全技术。安全立法是第一层,相关网络安全的法律法规可以分为社会规范和技术规范;安全管理是第二层,主要指一般的行政管理措施;安全技术是第三层,它是网络安全的物质技术基础。

(三)安全策略的实施

第一,重要的商务信息和软件的备份应当存储在受保护、限制访问且距离源地点足够远的地方,这样备份数据就能逃脱本地的灾害,因此需要将关键的生产数据安全地存储在相应的位置。这一策略要求将最新的备份介质存放在距离资料地较远的地方,同样,规定只有被授权的人才有权限访问存放在远程的备份文件。在某些情况下,为了确保只有被授权的人可以访问备份文件中的信息,需要对备份文件进行加密。

第二,需要给网络环境中系统软件打上最新的补丁。各公司的联网系统应当具备一套可供全体员工使用的方法,以方便定期检查最新的系统软件补丁、漏洞修复程序和升级版本。当需要时,此方法必须能够为连接互联网和其他公用网络的计算机迅速安装这些新的补丁、漏洞修复程序和升级版本。

第三,安装入侵检测系统并实施监视。为了让企业能快速响应攻击,所有与互联网连接的、设置多用户的计算机必须安装一套信息安全部门认可的入侵检测系统。

入侵检测系统不同于漏洞识别系统,前者在防御措施遭受破坏时向工作人员发出警报,后者是告诉工作人员有哪些漏洞需要修复以支撑防御系统。通常入侵检测系统会通过一个网络管理系统或其他通知手段实时向负责人员报警并采取应对措施。例如,计算机紧急响应小组(CERT)的成员可根据入侵检测系统的手机报警采取行动,这一策略的目的是确保内部网络外围设备上的所有系统都具备适当的入侵检测系统。

第四,启动最小级别的系统事件日志。计算机系统在处理一些敏感、有价值或关键的信息时必须可靠地记录下重要的、与安全有关的事件,与安全有关的事件包括企业猜测密码、使用未经授权的权限、修改应用软件以及系统软件。

此策略可为所有生产系统采用,而不只是那些需要处理敏感的、价值高的或关键信息的系统。不管怎样,企业实施此策略可确保此类日志被记录下来,并在一段时期内保存在一个安全的地方。在许多情况下会运用哈希算法或数字签名来判断系统日志记录之后是否被改动过。

# 第二节　网络防病毒技术

随着计算机在社会生活各个领域的广泛运用以及网络的迅猛发展,计算机病毒呈现愈演愈烈的趋势,严重地干扰了正常的人类社会生活,对计算机和网络的安全带来严重的威胁和破坏。

## 一、计算机病毒简介

### (一)计算机病毒的概念

1983 年 11 月,美国计算机安全专家 Frederick Cohen 博士首次提出计算机病毒的概念。"计算机病毒"有很多种定义,目前较为通用的定义为计算机病毒是一段附着在其他程序上的可以实现自我繁殖的程序代码。

由定义可知,计算机病毒是一种"计算机程序",它不仅能破坏计算机系统,而且还能够传播、感染到其他系统。它通常隐藏在其他看起来无害的程序中,能复制自身并将其插入其他的程序中以执行恶意的行动。病毒既然是一种计算机程序,就需要消耗计算机的 CPU 资源。当然,病毒并不一定都具有破坏力,但大多数病毒的目的是设法损坏数据。而现在的网络病毒已经不是如此单纯的一个概念了,它被融进了更多的东西。

## (二)计算机病毒的发展

计算机病毒的发展可分为以下几代。

### 1. 第一代病毒

第一代病毒的产生年代通常认为在 1986—1989 年之间,这一期间出现的病毒称之为传统病毒。此时的病毒有以下特点:种类有限,攻击目标单一,感染后特征明显,病毒没有自我保护措施,清除相对容易。

### 2. 第二代病毒

第二代病毒又称为混合型病毒,产生的年代在 1989—1991 年之间,它是计算机病毒发展由简单到复杂、由单纯走向成熟的阶段。这一阶段病毒的特点有:病毒攻击目标多样化,感染方式隐蔽化,感染后特征目标不明显,病毒有自我保护功能,清除难度加大,病毒出现新变种。

### 3. 第三代病毒

第三代病毒的产生是在 1992—1995 年之间,此类病毒称为"多态性"病毒或"自我变形"病毒。"多态性"或"自我变形"是指此类病毒在每次传染目标时,侵入宿主程序中的病毒程序大部分都是可变的,即在收集到同一种病毒的多个样本中,病毒程序的代码绝大多数是不同的,这是此类病毒的重要特点。正是由于这一特点,传统的利用特征码法检测病毒的产品很难检测出此类病毒。

### 4. 第四代病毒

20 世纪 90 年代中后期,病毒流行面更加广泛,病毒的流行迅速突破地域的限制,首先通过广域网传播至局域网内,再在局域网内传播扩散。这一时期的病毒的最大特点是利用 Internet 作为其主要传播途径,传播对象从传统的引导型和依附于可执行程序文件而转向流通性更强的文档文件中。因而,病毒传播快、隐蔽性强、破坏性大,这些都给病毒防治带来新的挑战。

5.蠕虫病毒

蠕虫病毒是一种利用网络服务漏洞而主动攻击的计算机病毒类型。与传统病毒不同,蠕虫不依附在其他文件或媒介上,而是独立存在的病毒程序,利用系统的漏洞通过网络主动传播,可在瞬间传遍全世界。

### (三)计算机病毒的分类

计算机病毒按不同的标准可分为不同的类型。

#### 1.按病毒依附的不同操作系统划分

可分为 DOS 型病毒、Windows 型病毒、Linux/UNIX 型病毒等。例如,DOS 型病毒指这类病毒只能在 DOS 环境下运行。

#### 2.按病毒传播的媒介划分

在 DOS 病毒时代,最常见的传播途径就是从光盘、软盘传入口传入管道硬盘,感染系统,然后再感染其他文件。现在,随着 USB 接口的普及,U盘、移动硬盘的使用越来越多,这也成为病毒传播的新途径。通过网络传播一般有以下方式:通过浏览网页传播病毒,通过网络下载传播病毒,通过邮件传播病毒,通过局域网传播病毒。

#### 3.按照计算机病毒的宿主划分

(1)引导型病毒

磁盘都有一个引导扇区,是系统引导和保存引导指令的地方,引导型病毒的感染是计算机通过已被感染病毒的引导盘引导时发生的。

(2)文件型病毒

文件型病毒以可执行程序为宿主,执行宿主程序时,先执行病毒程序再执行宿主程序,病毒程序驻留在内存中伺机传染其他文件。

(3)宏病毒

宏病毒主要以 Microsoft Office 的"宏"为宿主,寄存在文档或模板的宏中,一旦打开这样的文档,其中的宏就会被执行,于是宏病毒就会被激活,并自我复制及传播。

(4)蠕虫病毒

通过网络复制和传播,具有病毒的一些共性,同时具有自己的一些特征,与传统病毒的区别如表 7-1 所示。

表 7-1　传统病毒和蠕虫病毒区别

|  | 传统病毒 | 蠕虫病毒 |
|---|---|---|
| 存在形式 | 寄生于其他文件 | 独立存在 |
| 感染机制 | 宿主文件运行 | 主动攻击 |
| 感染目标 | 文件 | 网络 |

### (四)计算机病毒的特征

计算机病毒是一段特殊的程序。除了与其他程序一样,可以存储和运行外,计算机病毒还有感染性、隐蔽性、潜伏性、可触发性、衍生性、破坏性等共同特征。

#### 1.感染性

计算机病毒的感染性也称为寄生性,是指计算机病毒程序嵌入宿主程序中,依赖于宿主程序的执行而生成的特性。

#### 2.隐蔽性

隐蔽性是计算机病毒的基本特征之一,病毒在被感染的计算机中隐藏起来不容易被发现。

#### 3.潜伏性

计算机病毒的潜伏性是指其具有依附于其他媒体而寄生的能力,通过修改其他程序而把自身的复制体嵌入其他程序或者磁盘的引导区甚至硬盘的主引导区中寄生。

#### 4.可触发性

计算机病毒一般都具有一个触发条件:①触发其感染,在一定的条件下激活一个病毒的感染机制使之进行感染;②触发其发作,在一定的条件下激活病毒的表现攻击破坏部分。

#### 5.衍生性

计算机病毒的衍生性是指计算机病毒的制造者依据个人的主观愿望,对某一个已知病毒程序进行修改而衍生出另外一种或多种来源于同一种病毒而又不同于源病毒程序的病毒程序,即源病毒程序的变种。

#### 6.破坏性

计算机病毒的破坏性取决于计算机病毒制造者的目的和水平,它可以直接破坏计算机数据信息、抢占系统资源、影响计算机运行速度以及对计算机硬件构成破坏等。

在网络环境下,病毒除具有以上特征外,还具有以下一些特点。

第一,主动通过网络和邮件系统传播。从当前流行的计算机病毒来看,其中大部分病毒都可以利用邮件系统和网络进行传播,一些感染 Office 文档的宏病毒也是通过邮件系统进行传播的。

第二,传播速度快,难于控制。病毒通过网络传播,可在一两天内迅速传播到大范围内的计算机网络,并且很难控制。遭受病毒侵袭的系统,会出现网络堵塞、数据丢失、系统受控制的情况,在很多情况下被迫关闭网络服务,造成很大的损失。

第三,变种多,清除难度大。目前很多病毒使用高级语言编写,修改容易,对母本病毒的简单修改,就可以生成另外一个变种,但其主要的传染与破坏机制一样。网络中一台刚完成清毒的计算机会很快被另一台带毒的计算机感染,清除难度大。

第四,病毒功能多样化,更具有危害性。传统病毒最大的特点是能够复制自身给其他的程序,而现在越来越多的网络病毒兼有病毒、蠕虫和后门黑客程序的功能,破坏性更大。

## 二、计算机病毒的防治

对于一个计算机系统,要知道其是否感染病毒,首先要进行检测,然后才根据结果进行防治,检测的方法有自动检测和人工检测两种。自动检测的方法是利用工具软件(杀毒软件)来检测,不需要人工干预,但由于病毒出现快、变种多,而检测软件的升级常常滞后,因此常需要自己根据计算机出现的异常情况进行检测,即人工检测。

### (一)计算机感染病毒后的异常现象

计算机病毒是一段程序代码,虽然它可能隐藏得很好,但也会留下许多痕迹,通过对这些蛛丝马迹的判别,就能发现计算机病毒的存在。

传统的计算机病毒感染后,会出现一些明显的现象,如光驱托盘无缘无故地弹出并要求对软盘进行读写操作、计算机突然播放音乐、计算机黑屏、系统显示一个特定的图像或一句话、计算机的硬盘灯不断闪烁、Windows的桌面图标等外观发生变化等。在网络时代,这些现象出现的频率很小,根据计算机感染病毒后的表现,可将其分为操作系统类异常和系统软件类异常两种情况。

### 1. 操作系统类异常

(1)平时运行正常的计算机突然无缘无故地死机或重启

病毒感染了计算机系统后,将自身驻留在系统内并修改了中断处理程序等,引起系统工作不稳定,造成死机或重启现象发生,有些病毒在修改系统后,需要重启后才能实施破坏。

(2)操作系统无法正常启动

关机后再启动,操作系统报告缺少必要的启动文件或启动文件被破坏导致系统无法启动,这很可能是计算机病毒感染系统文件后使得文件结构发生变化,无法被操作系统加载、引导。

(3)运行速度明显变慢

在硬件设备没有损坏或更换的情况下,本来运行速度很快的计算机,运行同样应用程序的速度明显变慢,而且重启后依然很慢。这很可能是计算机病毒占用了大量的系统资源,造成系统资源不足,运行变慢。

(4)系统文件的时间、日期、大小发生变化

计算机病毒感染应用程序文件后,会将自身隐藏在原始文件的后面,文件大小大多会有所增加,文件的访问和修改时间也会被改成感染时的时间。应用程序使用到的数据文件,文件大小和修改日期、时间可能会改变,并不一定是计算机病毒在作怪,这点要注意区分。

(5)自动链接到一些陌生的网站

打开浏览器,计算机会自动链接到互联网上一个陌生的站点或者在上网的时候发现网络特别慢,存在陌生的网络链接,这种链接大多是黑客程序将收集到的计算机系统的信息"悄悄地"发回某个特定的网址。

### 2. 系统软件类异常

(1)以前能正常运行的软件经常发生内存不足的错误

某个以前能够正常运行的程序启动的时候报告系统内存不足或者使用

应用程序中的某个功能时报告内存不足,这可能是计算机病毒驻留后占用了系统中大量的内存空间,使得可用内存空间减小。

(2)以前能正常运行的应用程序经常发生非法错误

在硬件和操作系统没有进行改动的情况下,以前能够正常运行的应用程序产生非法错误的情况明显增加,这可能是由于计算机病毒感染应用程序后破坏了应用程序本身的正常功能或者计算机病毒程序本身存在着兼容性方面的问题。

(3)打开 Word 文档后,该文件另存时只能以模板方式保存

无法另存为一个 Word 文档(doc),只能保存成模板文档(dot),这往往是打开的 Word 文档中感染了 Word 宏病毒的缘故。

(4)网络应用程序瘫痪,无法提供正常的服务

提供网络服务的某个程序不能正常工作,可能是计算机病毒感染了这个程序提供服务所需要的文件。

(5)防病毒软件启动异常

某些计算机病毒本身带有防杀毒软件机制,屏蔽了计算机防病毒软件,使其关闭或不能正常工作。

需要指出的是,病毒感染后的表现有很多,并不局限于上面所列举的,并且一些现象都是相对的。所以判断计算机是否感染病毒,关键是有一个比较的基准,即正常情况下计算机系统是怎样表现的,这样就可以判断某些表现是否异常。当然,某些意外情况也会造成系统表现异常,如系统硬件突然损坏。

## (二)计算机反病毒技术

### 1.计算机反病毒技术

(1)特征值扫描

传统病毒扫描是利用病毒留在被感染文件中的病毒特征值(即每种病毒所独有的十六进制代码串)进行检测。发现新病毒后,提取其病毒特征码,加入病毒库中。这种方法是先有病毒、后有杀毒,不能检测新的病毒种类。

(2)启发式扫描技术

启发式扫描就是把分析扫描的目标文件与病毒特征库中的病毒原码进

行比较,当二者匹配率大于某一值时(通常这一值较小,所以容易误报),杀毒软件就会将其列为可疑文件以进行下一步的处理,这种技术最可能出现误报。

(3)虚拟机技术

虚拟机技术也称为代码仿真,是一种极强大的病毒检测技术。这种技术实现了一个虚拟机来仿真 CPU、内存管理系统等系统组件,进而模拟代码执行过程,这样病毒就是在扫描器的虚拟机中模拟执行,而不是被真实的 CPU 执行。

(4)主动防御技术

主动防御技术是一种实时监控技术。通过系统函数拦截技术全程监视进程的行为,一旦发现危险行为,就通知用户或者直接终止进程。主动防御最大的优势是可以有效拦截并允许用户阻止未知病毒的各类危险行为,最大的弊端就是误报比较频繁。

2.计算机病毒的防治

在计算机操作过程中,传输文件、上网冲浪、收发邮件都有可能感染病毒,所以对于计算机病毒应尽量采取以防为主,以治为辅的方法,阻止病毒的侵入比病毒侵入后再去发现和排除重要得多。

对于计算机病毒的防治有以下几个主要方面。

①建立正确的防毒观念,学习有关病毒与反病毒知识。

②在上网过程中注意加强自我保护,避免访问非法网站,不要轻易下载小网站的软件与应用程序,这些网站往往嵌入了恶意代码,一旦打开其页面,即会被植入木马或病毒。不打开来历不明的 E-mail 与附带程序、Excel 或 Word 文档。

③使用外来移动存储设备或新软件之前要进行病毒扫描检查。

④使用反病毒软件,及时升级反病毒软件的病毒库,定时对计算机进行病毒查杀,开启病毒实时监控功能,及时下载、安装操作系统安全漏洞补丁程序。

⑤有规律地制作备份,养成备份重要文件的习惯,对操作系统可建立系统还原点,对重要文件、数据可采用异机备份策略。

⑥若硬盘资料已经遭到破坏,不必急着格式化,因病毒不可能在短时间内将全部硬盘资料破坏,可利用数据恢复类程序加以分析和重建。

## 三、U盘病毒防治

U盘病毒顾名思义就是通过U盘传播的病毒,它利用U盘的Autorun.inf漏洞进行传播,利用Windows的自动运行功能在打开U盘的同时自动运行U盘病毒。U盘病毒很常见,并且具有一定程度的危害。随着U盘、移动硬盘、存储卡等移动存储设备的普及,U盘病毒也泛滥起来。

（一）U盘病毒判断

U盘病毒并不是单指某一个具体的病毒,也并不是只通过U盘来传播,而是指可以通过移动存储设备来进行传染的一类病毒。因为U盘算是目前最常用的存储介质,而且它传播病毒的概率最大,所以称为U盘病毒。U盘中各种病毒的主要表现特征大致有以下几种。

第一,感染了这种病毒,计算机识别U盘速度会变得极为缓慢,双击盘符不能打开,单击鼠标右键时,快捷菜单多了"自动播放""打开""浏览"等项目,U盘也无法正常拔出。

第二,U盘里多了些不明来历的隐藏文件。打开"文件夹选项"查看,选中"显示所有文件和文件夹"查看隐藏文件,如果发现U盘里有Autorun.inf文件或伪装成回收站文件的Recycler文件夹等来历不明的文件或文件夹,是感染U盘病毒的迹象。

第三,在"文件夹选项"中没有"隐藏受保护的操作系统文件"这一项或者选取了"显示所有文件和文件夹"而不能看到隐藏文件。

（二）U盘病毒的感染传播机制

U盘病毒所特有的感染方法为利用系统对U盘的自动播放功能,自动运行、调用病毒。这类病毒主要利用了Windows系统的自动运行功能。光盘、U盘插入口管道到计算机后能够自动运行,而这项功能是通过磁盘根目录下的一个叫Autorun.inf的文件实现的。

Autorun.inf文件是软硬件生产厂家为了更好地介绍自己的产品或者为了方便用户使用产品而设置的自引导文件,后来被病毒制作者利用。

Autorun.inf 文件一般是一个隐藏属性的系统文件,保存着一系列命令,告知系统新插入的光盘或 U 盘应该自启动什么程序,也可以告知系统将它的盘符图标改成某个路径下的图标。U 盘病毒正是利用这个特点,使 Autorun.inf 文件与病毒程序关联。当用户双击打开 U 盘时,自动执行相关的病毒文件,所以,U 盘病毒又称为 Auto 类病毒。

### (三)U 盘病毒的防治

为了防止感染 U 盘病毒,可从以下几方面采取防护措施。

#### 1.关闭自动播放功能

如果打开 U 盘时自动运行播放功能,那么病毒将传播到操作系统中。当插上 U 盘后,计算机会弹出一个自动播放对话框,要选择"不执行任何操作"选项。

#### 2.修改注册表让 U 盘病毒禁止自动运行

虽然关闭了 U 盘的自动播放功能,但是 U 盘病毒依然会在双击盘符时入侵系统,可以通过修改注册表来阻断 U 盘病毒。

#### 3.选择右键打开

不直接双击 U 盘盘符,最好用右键单击 U 盘盘符选择"打开"命令或者通过"资源管理器"窗口进入,因为双击实际上是立刻激活了病毒。

#### 4.安装 U 盘杀毒监控软件和防火墙

下载相应的 U 盘杀毒软件,对 U 盘进行实时监控和查杀。

## 四、杀毒软件的使用

### (一)常用杀毒软件

在互联网时代,面对变化多端的病毒,保护计算机不被入侵,使用杀毒软件是最简便的一个防御方法。目前,流行的杀毒软件很多。随着防病毒软件技术的进步,其功能已大大增强,用户可根据自己的喜好,选择一款适合自己的杀毒软件。

### (二)杀毒软件的使用注意事项

#### 1.定期更新升级病毒库

因为新的病毒层出不穷,必须要对杀毒软件进行升级才能够防范新的病毒。

2.定期对硬盘进行全面的查毒

因为某些病毒不发作时具有隐蔽性，不容易发现，全面查毒就可以发现这些病毒。

3.要按时制作 DOS 杀毒盘、备份盘

有些病毒在 Windows 下边无法完全清除，必须到 DOS 下清除，这时候就需要用到杀毒软件的 DOS 杀毒盘。

4.打开杀毒软件实时监控功能

上网冲浪、下载软件、解压文件、文件传输、收发邮件都需要实时监控是否有病毒。

5.杀毒软件不要共存安装

多个杀毒软件共存时会产生冲突，出现意料不到的后果。

# 第三节　数据加密技术

用户在计算机网络上进行通信，一个主要的危险是所传送的数据被非法窃听。因此，如何保护数据传输的隐蔽性是计算机网络安全需要面对的问题。常用的办法是在数据传输前采用一定的算法进行加密，然后将加密的报文通过网络传输，这样即使在传输过程中被非法截取，截取者也不能获悉信息的真正内容，这样就保证了信息传输的安全。

## 一、密码学概述

密码学是研究密码系统或通信安全的一门科学。它以研究秘密通信为目的，研究对传输信息采取何种秘密的交换，以防止第三者对信息的截取、篡改等。主要包括两个相互对立的分支：即密码编码学和密码分析学，前者是研究把信息（明文）变换成没有密钥不能解密或很难解密的密文的方法，后者是研究分析破译密码的方法。

密码学的基本思想是将传输的信息进行一组可逆的数学变换，数据加密、解密过程。

①明文（Plaintext，记为 P）：信息的原始形式，即加密前的原始信息。

②密文(Ciphertext,记为 C):明文经过加密后的形式。

③加密(Encryption,记为 E):将明文变换为密文的过程,用于加密的一组数学变换称为加密算法。

④解密(Decryption,记为 D):接收者将传输后的密文变换为明文的过程,进行变换的一组数学算法称为解密算法。

加密和解密是两个相反的数学变换过程,都是用一定的算法实现的。为了有效地控制这种数学变换,需要一组参与变换的参数,这个参数称为密钥,加密过程是在加密密钥的参与下进行的,解密过程是在解密密钥的参与下进行的。

## 二、传统加密技术

传统的加密技术比较简单,比较典型的有两种:即替换加密算法和换位密码算法。

### (一)替换加密算法

这种密码技术将字母按字母表的顺序排列,并将最后一个字母和第一个字母连起来构成一个字母表序列,明文中的每个字母用该序列中在其后面的第三个字母来代替,构成密文。也就是说,密文字母相对于明文字母循环右移了 3 位,所以这种密码也称为"循环移位密码"。

### (二)换位密码算法

换位密码技术是通过改变明文中字母的排列顺序来达到加密的目的,常用的技术是列换位密码技术。如加密明文"HOW DO YOU DO",密钥为"LOVE",在算法中,将明文按行排列到一个矩阵中(矩阵的列数等于密钥字母的个数,行数以够用为准,如果最后一行不全,可以用 A、B、C 等填充),然后按照密钥各个字母大小的顺序排出列号,以列的顺序将矩阵中字母读出,就构成了密文。

## 三、对称加密技术

### (一)对称加密概述

如果在一个密码体系中,加密密钥与解密密钥相同,就称为对称加密算法。在对称加密算法中,数据发送方将明文(原始数据)和加密密钥一起经过特殊加密算法处理后,使其变成复杂的加密密文发送出去。接收方收到密文后,若想解读原文,则需要使用加密用过的密钥及相同算法的逆算法对密文进行解密,才能使其恢复成可读明文。在对称加密算法中,使用的密钥只有一个,收发双方都使用这个密钥对数据进行加密和解密,这就要求解密方事先必须知道加密密钥。

对称加密算法的特点是算法公开、计算量小、加密速度快、加密效率高。不足之处是收发双方都使用同样钥匙,安全性得不到保证。此外,每对用户每次使用对称加密算法时都需要使用其他人不知道的唯一钥匙,这会使得收发双方所拥有的钥匙数量呈几何级数增长,密钥管理成为用户的负担,比如对于一个有 n 个用户的网络,需要 $n(n-1)/2$ 个密钥。

（二）DES 算法

DES(Data Encryption Standard)算法是一种最为典型的对称加密算法,是美国政府在 1977 年采纳的数据加密标准,是世界上第一个公认的实用密码算法标准。

DES 加密算法是分组加密算法,明文以 64 位为单位分成块。64 位数据在 64 位密钥的控制下,经过初始变换后,进行 16 轮加密迭代:64 位数据被分成左右两半部分,每部分 32 位,密钥与右半部分相结合,然后再与左半部分相结合,结果作为新的右半部分;结合前的右半部分作为新的左半部分。这一系列步骤组成一轮,这种轮换要重复 16 次。最后一轮之后,再进行初始置换的逆置换,就得到了 64 位的密文。最后将各组密文串接起来,即得出整个的密文,使用的密钥为 64 位(实际密钥长度为 56 位,有 8 位用于奇偶校验)。

# 四、公开密钥技术

（一）公开密钥算法概述

非对称加密算法又称为公开密钥加密算法,需要两个密钥:即公开密钥和私有密钥,公开密钥与私有密钥是一对。如果用公开密钥对数据进行加密,只有用对应的私有密钥才能解密;如果用私有密钥对数据进行加密,那么只有用对应的公开密钥才能解密。因为加密和解密使用的是两个不同的密钥,所以这种算法叫作非对称加密算法。非对称加密算法的主要优势就是使用两个而不是一个密钥值,一个密钥值用来加密消息,另一个密钥值用来解密消息,私钥除了持有者外无人知道,而公钥却可通过非安全管道来发布。

由于用户只需要保存好自己的私钥,而对应的公钥无须保密,需要使用公钥的用户可以通过公开的途径得到公钥,因此不存在对称加密算法中的密钥传送问题。

RSA 算法是第一个提出的公开密钥算法,也是迄今为止最为完善的公开密钥算法之一。

每个用户有两个密钥:加密密钥 PK＝{e,n}和解密密钥 SK＝{d,n},用户把加密密钥公开,使得系统中任何其他用户都可使用,而对解密密钥中的 d 则保密。

## (二)公开密钥算法在网络安全中的应用

### 1.混合加密体系

以 RSA 加密算法为主的公开密钥算法存在一些缺点,就是算法在加密和解密的过程中,要进行大数的幂运算,运算速度比较慢,因此不适合大量信息的加密。在网络上传输大量信息时,一般采用的是混合加密体系。

在混合加密体系中,使用对称加密算法对要发送的数据进行加、解密,使用公开密钥算法来加密对称加密算法的密钥,既加快了加、解密的速度,又解决了对称加密算法中密钥保存和管理的困难。

### 2.数字签名

类似于传统的亲笔签名或盖章,计算机网络通信中的数字签名技术就是对网络上传送文件者的身份进行验证的一种技术,它一般要解决好以下三个问题。

第一,接收方能够核实发送方对报文的签名,如果当事双方对签名真伪发生争议,能够在权威的第三方验证(信息源发鉴别)。

第二,发送方事后不能否认自己对报文的签名(信息不可否认性)。

第三,除了发送方外,其他人不能伪造签名,也不能对接收或发送的信息进行篡改、伪造(信息的完整性)。

从信息保密的角度来看,既然公钥是对所有人公开的,那么用私钥来加密信息显然是没有意义的,因为任何人都可以用相应的公钥解密。然而从数字签名的角度来看,用私钥加密则正是我们所需要的,因为能用公钥对信息解密,就充分证明了这一信息是应用私钥进行加密的,而能用私钥进行加密的,只有自己,这就证明了该信息确实是自己发出的。

## 五、加密技术的应用

数字签名的缺点是速度非常慢,因为公开密钥的加密和解密都是很慢的。而在特定的计算机网络应用中,很多报文是不需要进行加密的,仅要求报文是完整的、不被伪造的。因此,可以采用相对简单的报文鉴别算法来达到目的。

目前,经常采用报文摘要算法来实现报文鉴别。报文摘要是从报文中提取特征数据的方法,亦称数字指纹,不同文件具有相同的报文摘要的概率极小,因此,构造出具有相同报文摘要的两个文件是极其困难的。报文摘要就像是对所要传送的文件拍一张"照片",如果原始文件发生了最微小的变化,对它拍出来的"照片"也会变化。生成报文摘要的常用算法是由 RSA 公司开发的 MD5 算法。MD5 是一种单向散列函数,通常用"摔盘子"来比喻 Flash 函数的单向不可逆的运算特征,把一个完整的盘子摔碎是很容易的,而通过盘子碎片来还原一个完整的盘子是很困难甚至是不可能的。

假使发送端向接收端发送报文,过程如下:

①在发送端,对明文 P 进行报文摘要算法(哈希函数),生成报文摘要(MD)。

②用发送端的私钥对生成的 MD 进行加密,生成加密过的报文摘要。

③将加密过的报文摘要同原始报文 P 一起经过网络发送到接收端。

④接收端从接收到的消息中剥离出明文,用同样的报文摘要算法得出自己的报文摘要(注意:报文摘要算法是公开的)。

⑤接收端从接收到的消息中剥离出加密的报文摘要,用发送端的公钥对其进行解密,还原出未加密的 MD。

⑥接收端将自己算法的报文摘要同 MD 进行比较,如果二者一致,证明

发送端发送的明文 P 在传输过程中没有被篡改,如果不一致,说明在传输的过程中被篡改过。

# 第四节　防火墙技术

网络安全中的防火墙技术,是指隔离在本地网络与外界网络之间的一道防御系统,是这一类防范措施的总称。

## 一、防火墙的基本功能

在逻辑上,防火墙是一个分离器,一个限制器,也是一个分析器,有效地监控了内部网络和互联网之间的任何活动,保证了内部网络的安全。典型防火墙具有以下特征。

第一,内部网络和外部网络之间的所有数据流都必须经过防火墙。只有这样,防火墙才能在内、外网络之间建立一个安全控制点,通过允许、拒绝或重新定向等策略,实现对进、出内部网络的服务和访问的审计和控制。

第二,只有符合安全策略的数据流才能通过防火墙。

第三,具有一定的抗攻击能力。防火墙处于内部、外部网络之间,每时每刻都面对入侵和攻击,因此必须具有一定的抗攻击能力。

现在大部分的防火墙还具有以下功能:

第一,支持 NAT,即网络地址转换,很多企业内部由于 IP 地址不足,需要在防火墙上用 NAT 功能实现上网共享。

第二,支持 VPN,外网用户能够通过 VPN 访问内部网络资源。

第三,支持身份认证。

第四,能够根据用户的需要,制定灵活的访问控制策略,监控和审计内、外网之间的行为。

但防火墙并不是万能的,也有它的局限性。首先,防火墙要求内、外网之间的流量要经过它,如果某些网络攻击行为绕过了防火墙,防火墙就不能防范;其次,防火墙配置中大部分把内部网络设置为可信任网络,对内部网络不加限制,因此,它不能防范内部网络的攻击;最后,由于防火墙配置不当而引起的安全威胁及系统漏洞、软件漏洞等,防火墙也不能防御。

## 二、防火墙的发展史

### (一)第一代防火墙
其技术几乎与路由器同时出现,采用了包过滤技术。

### (二)第二代防火墙
第二代防火墙由 1989 年贝尔实验室的 D. 普雷斯托和 H. 崔克最早提出,这一阶段的防火墙随着网络安全重要性和性能要求的提高,渐渐发展为一个结构独立、有专门功能的设备和系统,也被称为电路层防火墙。

### (三)第三代防火墙
第三代防火墙出现于 20 世纪 90 年代初,这一阶段的防火墙技术被称为应用层防火墙或代理防火墙。

### (四)第四代防火墙
1992 年,USC 信息科学院的 Bob Braden 开发出了基于动态包过滤技术的第四代防火墙,后来演变为目前所说的状态监视技术。1994 年,以色列的 Check Point 公司开发出了第一个基于这种技术的商业化的产品。

### (五)第五代防火墙
1998 年,NAI 公司推出了一种自适应代理技术,并在其产品中得以实现,给代理类型的防火墙赋予了全新的意义,可以称为第五代防火墙。

前五代防火墙有一个共同的特点,就是采用逐一匹配方法,计算量太大。包过滤是对数据包进行匹配检查,状态检查包过滤除了对包进行匹配检查外,还要对状态信息进行匹配检查,应用代理对应用协议和应用数据进行匹配检查。因此,它们都有一个共同的缺陷,即安全性越高,检查得越多,效率越低。

## 三、防火墙的体系结构

由于网络结构的多种多样,目前没有统一的防火墙设计标准,防火墙的体系结构也有多种,下面介绍几种主要的防火墙体系结构。

### (一)双宿主主机体系结构

双宿主主机又称为堡垒主机,是一台至少配有两个网络接口的主机,它可以充当与这些接口相连的网络之间的路由器,在网络之间发送数据包。一般情况下,双宿主主机的路由功能是被禁止的,这样可以隔离内部网络与外部网络之间的直接通信,从而达到保护内部网络的作用。

双宿主主机体系结构特点如下:①围绕具有双重宿主的主机而构成。②计算机至少有两个网络接口。③防火墙内部的系统能与双重宿主主机通信。④防火墙外部的系统能与双重宿主主机通信。

### (二)被屏蔽主机体系结构

被屏蔽主机体系结构需要配备一台堡垒主机和一个有过滤功能的屏蔽路由器。屏蔽路由器连接外部网络,堡垒主机安装在内部网络上,是内部网络上唯一能连接到互联网上的主机,任何外部的系统要访问内部的系统或服务都必须先连接到这台主机,因此堡垒主机要保持更高等级的主机安全。

被屏蔽主机体系结构的主要特点如下:①提供安全保护的主机仅与被保护的内部网络相连。②堡垒主机是外部网络上的主机连接内部网络的桥梁。③堡垒主机需要拥有高等级的安全。④使用一个过滤路由器来提供主要安全,路由器中有数据包过滤策略。

### (三)被屏蔽子网体系结构

被屏蔽子网体系结构是在屏蔽主机结构的基础上添加额外的安全层,即通过添加周边网络(屏蔽子网)更进一步把内部网络与外部网络隔离开。

一般情况下,屏蔽子网结构包含外部和内部两个路由器,在实现过程中,两个分组过滤路由器放在子网的两端,在子网内构成一个非军事区(DMZ)。

在屏蔽子网防火墙方案中,由防火墙和内部路由器构成屏蔽子网,通过这一子网把互联网与内部网络分离。外部路由器抵挡外部网络的攻击,防火墙管理 DMZ 和内部网络。而在局域网内部,对互联网的访问则由防火墙和位于 DMZ 的堡垒主机控制。在这样的结构里,一个黑客必须通过 3 个独立的区域(屏蔽路由器、防火墙和堡垒主机)才能够到达局域网。即使堡垒主机被入侵者控制,内部网仍受到内部包过滤路由器的保护,而且可以设置多个堡垒主机运行各种代理服务,更有效地提供服务。这样的结构使黑客攻击难度大大增加,相应内部网络的安全性也就随之加强,但投资成本也是最高的。

## 四、防火墙的分类

### (一)包过滤防火墙

在网络层实现数据的转发,包过滤模块一般检查网络层、传输层内容,包括下面几项:①源、目的 IP 地址。②源、目的端口号。③协议类型。④TCP 数据报的标志位。

通过检查模块,防火墙拦截和检查所有进站和出站的数据。防火墙首先验证这个包是否符合规则,无论是否符合过滤规则,防火墙一般都要记录数据包的情况,对不符合规则的数据包要进行报警或通知管理员。

在进行包过滤时,只检查包头信息,而不关心包的具体内容,由于包过滤系统处于网络层,无法对应用层的具体操作进行任何过滤。

在包过滤防火墙中,可以利用路由器本身的包过滤功能,以访问控制列表(ACL)的方式实现,处理速度较快。整个防火墙系统对用户来说是透明的,用户的应用层不受影响。但同时,在包过滤防火墙中,路由器过滤规则的配置比较复杂,一般的网络管理员难以胜任。规则实施的是静态的、固定的控制,不能跟踪 TCP 的状态,不支持应用层协议,无法发现基于应用层的攻击,如各种恶意代码的攻击等。

### (二)代理防火墙

代理防火墙通过一种代理技术参与一个 TCP 连接的全过程。从内部发出的数据包经过这样的防火墙处理后,就好像是源于防火墙外部网卡一样,从而可以达到隐藏内部网结构的作用,它的核心技术就是代理服务器技术。

代理服务器通常运行在两个网络之间,是客户端和真实服务器之间的中介。代理服务器彻底隔断内部网络与外部网络的"直接"通信,内部网络的客户端对外部网络的服务器的访问,变成了代理服务器对外部网络的服务器的访问。然后由代理服务器转发给内部网络的客户端。代理服务器兼有双重角色功能,对内部的客户端来说,像是一台服务器,对外部网络的服务器来说,又像是一台客户端。

代理防火墙就是在服务器和客户端之间的一个数据检测、过滤功能的透明代理服务器,它采用一种应用协议分析技术,所以代理防火墙也被称为"应用网关"。应用协议分析技术工作在 OSI 模型的应用层,在这一层上接触到的所有数据都是最终用户看到的数据,因而具有实现更高级别的数据检测功能。针对不同的应用层协议,需要建立不同的服务代理,如 HTTP 代理、FTP 代理、SOCKS 代理等。

代理类型防火墙的最突出的优点就是安全。由于每一个内外网络之间的连接都要通过 Proxy 的介入和转换,通过专门为特定的服务(如 HTTP)编写的安全化的应用程序进行处理,然后由防火墙本身提交请求和应答,没有给内外网络的计算机以任何直接会话的机会,从而避免了入侵者使用数据驱动类型的攻击方式入侵内部网。

代理防火墙的最大缺点就是速度相对比较慢。因为是基于代理技术,通过防火墙的每个连接都必须建立在为之创建的代理程序进程上,而代理进程自身要消耗一定的资源,当用户对内外网络网关的吞吐量要求比较高时,代理防火墙就会成为内外网络之间的瓶颈。自适应代理技术结合代理防火墙的安全性和包过滤防火墙的高速度等优点,满足了用户对速度和安全性的双重要求。

## (三)状态检测防火墙

### 1. 状态检测原理

状态检测防火墙又称为动态包过滤,是传统包过滤上的功能扩展。传统的包过滤防火墙通过检测数据包头的相关信息来决定数据流的通过与否,而建立通信连接不单是发送数据包,会话中的每个数据包都有一种承上启下的作用。状态检测技术就是采用一种基于连接的状态检测机制,将属于同一连接的所有包作为一个整体的数据流看待,构成连接状态表,通过规则表与状态表的共同配合,决定数据流的通过与否。

### 2. TCP/IP 的三次握手连接

TCP 数据包的包头有 6 个位,FIN、SYN、PSH、RST、ACK 和 URG。

①ACK 设置 1,表示确认号有效;清 0,表示数据包中不包含确认,确认

号域将被忽略。

②PSH 表示数据包的接收者将收到的数据直接交给应用程序,而不是把它放在缓冲区,等缓冲区满才交给应用程序,这常用于实时通信。

③RST 用来重置一个连接,用于一台主机崩溃或者其他原因引起的通信混乱,它也被用来拒绝接受一个无效的 TCP 数据包,或者用来拒绝一个建立连接的企图。

④SYN 用来建立一个连接。在请求连接的数据包中,SYN＝1、ACK＝0 指明确认域没有使用,对连接请求需要应答。在应答的 TCP 数据包中 SYN＝1、ACK＝1 SYN 通常被用来指明请求连接和请求被接受,而用 ACK 来区分这两种情况。

⑤FIN 用来释放一个连接。它指出发送者已无数据要发送,不过关闭一个连接后,进程还可以继续接收数据。

第一次握手:建立连接时,客户端发送 SYN。包到服务器,等待服务器确认。

第二次握手:服务器收到 SYN 包,必须确认客户的 SYN,同时自己也发送一个 SYN 包,即 SYN＋ACK 包。

第三次握手:客户端收到服务器的 SYN＋ACK 包,向服务器发送确认包 ACK,此包发送完毕,完成三次握手。

3. 状态检测防火墙工作流程

当数据包到达防火墙时,状态检测引擎会检测到这是一个发起连接的初始数据包(有 SYN 标志),防火墙先将这个数据包和规则表里的规则依次进行比较。如果匹配,就意味着通过了这个数据连接请求,那么本次会话被记录到状态监测表里。这时需要设置一个时间溢出值,一般将其设定为 60 s。然后防火墙期待一个返回的确认连接的数据包。当接收到此数据包的时候,防火墙将连接的时间溢出值设定为 3 600 s。如果在检查了所有的规则后,拒绝此次连接,那么该数据包被丢弃。状态监测表随后检测被放行的数据包,如果匹配,该数据包被放行,反之则被丢弃。

当状态监测模块监测到一个 FIN(连接终止)包或一个 RST(连接复位)包的时候,则时间溢出值从 3 600 s 减至 50 s。在这个周期内如果没有数据包交换,这个状态检测表项将会被删除,连接被关闭;如果有数据包交换,这个周期会被重新设置到 50 s。如果继续通信,这个连接状态会被继续地以 50 s 的周期维持下去。这种设计方式可以避免一些 DOS 攻击,例如,一些人有意地发送一些 FIN 包或 RST 包来试图阻断这些连接。

状态检测表是位于内核模式中的,通过防火墙的所有数据包都在协议栈的低层处理,这样减少了高层协议头的开销;这种方式提高了系统的性能,因为每一个数据包不是和规则库比较,而是和状态检测表比较。只有在 SYN 的数据包到来时才和规则库比较。所有的数据包与状态检测表的比较都在内核模式下进行,所以速度很快,执行效率明显提高。

(四)复合型防火墙

复合型防火墙是指综合了状态检测与透明代理的新一代防火墙,进一步基于 ASIC 架构,把防病毒、内容过滤整合到防火墙里,其中还包括 VPN、IDS 功能,多单元融为一体,是一种新突破。它在网络边界实施 OSI 第七层的内容扫描,实现了实时在网络边缘部署病毒防护、内容过滤等应用层服务措施。

存在的问题就是,用户如何确定正在访问用户的服务器的人就是用户认为的那个人,身份认证技术就是一个好的解决方案。

# 第五节　网络攻击与防范

攻防即攻击与防范。攻击是指任何的非授权行为,攻击的程度从使服务器无法提供正常的服务到完全破坏和控制服务器,在网络上成功实施的攻击级别依赖于用户采用的安全措施。

根据攻击的法律定义,攻击仅仅发生在入侵行为完全完成而且入侵者已经在目标网络内。但专家的观点是可能使一个网络受到破坏的所有行为都被认定为攻击。

网络攻击可以分为被动攻击和主动攻击两类。

第一,被动攻击。在被动攻击中,攻击者简单地监听所有信息流以获得某些秘密。这种攻击可以是基于网络(跟踪通信链路)或基于系统(秘密抓取数据的特洛伊木马)的,被动攻击是最难被检测到的。

第二,主动攻击。攻击者试图突破用户的安全防线。这种攻击涉及数据流的修改或创建错误流,主要攻击形式有假冒、重放、欺骗、消息篡改、拒绝服务等。例如,系统访问尝试——攻击者利用系统的安全漏洞获得用户或服务器系统的访问权限。

## 一、网络攻击的一般目标

从黑客的攻击目标上分类,攻击类型主要有两类:系统型攻击和数据型攻击,其所对应的安全性也涉及系统安全和数据安全两个方面。从比例上分析,前者占据了攻击总数的 30%,造成损失的比例也占到了 30%;后者占到攻击总数的 70%,造成的损失也占到了 70%。系统型攻击的特点是攻击发生在网络层,破坏系统的可用性,使系统不能正常工作。可能留下明显的攻击痕迹,用户会发现系统不能工作。数据型攻击主要来源于内部,该类攻击的特点是发生在网络的应用层,面向信息,主要目的是篡改和偷取信息(这一点很好理解,数据放在什么地方,有什么样的价值,被篡改和窃用之后能够起到什么作用,通常情况下只有内部人员知道),不会留下明显的痕迹(原因是攻击者需要多次地修改和窃取数据)。

从攻击和安全的类型分析,得出一个重要结论,即一个完整的网络安全解决方案不仅能防止系统型攻击,也能防止数据型攻击,既能解决系统安全,又能解决数据安全两方面的问题。这两者当中,应着重强调数据安全,重点解决来自内部的非授权访问和数据的保密问题。

## 二、网络攻击的原理及手法

### (一)密码入侵
所谓密码入侵是指使用某些合法用户的账号和密码登录到目的主机,然后再实施攻击活动。这种方法的前提是必须先得到该主机上的某个合法用户的账号,然后再进行合法用户密码的破译。

### (二)特洛伊木马程序
特洛伊木马程序可以直接侵入用户的电脑并进行破坏,它常伪装成工具程序或者游戏等诱使用户打开带有特洛伊木马程序的邮件附件或从网上直接下载,一旦用户打开了这些邮件的附件或者执行了这些程序,它们就会像古特洛伊人在敌人城外留下的藏满士兵的木马一样留在自己的电脑中,并在自己的计算机系统中隐藏一个可以在 Windows 启动时悄悄执行的程序。当用户连接到互联网上时,这个程序就会通知攻击者,报告用户的 IP 地址及预先设定的端口。攻击者在收到这些信息后,再利用这个潜伏的程序,任意修改用户计算机的参数设定、复制文件、窥视整个硬盘中的内容,从而达到控制用户计算机的目的。

### (三)电子邮件攻击

电子邮件是互联网上运用得十分广泛的一种通信方式。攻击者可以使用一些邮件炸弹软件或 CGI 程序向目标邮箱发送大量内容重复、无用的垃圾邮件,从而使目标邮箱被撑爆而无法使用。当垃圾邮件的发送流量特别大时,还有可能造成邮件系统正常工作反应缓慢,甚至瘫痪。相对于其他攻击手段来说,这种攻击方法具有简单、见效快等特点。

电子邮件攻击主要表现为邮件炸弹和电子邮件欺骗两种方式。

#### 1. 邮件炸弹

邮件炸弹指的是用伪造的 IP 地址和电子邮件地址向同一信箱发送数以千计、万计甚至无穷多次的内容相同的垃圾邮件,致使受害人邮箱被"炸"。

#### 2. 电子邮件欺骗

电子邮件欺骗是指攻击者佯称自己为系统管理员(邮件地址和系统管理员完全相同),给用户发送邮件要求用户修改密码(密码可能为指定字符串)或在貌似正常的附件中加载病毒或木马程序。

### (四)通过傀儡机攻击其他节点

攻击者在突破一台主机后,往往以此主机作为根据地,攻击其他主机(以隐蔽其入侵路径,避免留下蛛丝马迹)。它们可以使用网络监听方法,尝试攻破同一网络内的其他主机;也可以通过 IP 欺骗和主机信任关系,攻击其他主机。

这类攻击很狡猾,如 TCP/IP 欺骗攻击。攻击者通过外部计算机伪装成另一台合法机器来实现。它能破坏两台机器间通信链路上的数据,其伪装的目的在于哄骗网络中的其他机器误将攻击者作为合法机器加以接受,诱使其他机器向它发送数据或允许它修改数据。TCP/IP 欺骗可以发生在 TCP/IP 系统的所有层次上,包括数据链路层、网络层、运输层及应用层。如果底层受到损害,则应用层的所有协议都将处于危险之中。另外由于用户本身不直接与底层相互交流,因而对底层的攻击更具有欺骗性。

（五）网络监听

网络监听是主机的一种工作模式,在这种模式下,主机可以接收到本网段在同一条物理通道上传输的所有信息,而不管这些信息的发送方和接收方是谁。因为系统在进行密码校验时,用户输入的密码需要从用户端传送到服务器端,而攻击者能在两端之间进行数据监听。

此时若两台主机进行通信的信息没有加密,只要使用某些网络监听工具就可轻而易举地截取包括密码和账号在内的信息资料。

（六）安全漏洞攻击

许多系统都有这样那样的安全漏洞。其中一些是操作系统或应用软件本身具有的,如缓冲区溢出攻击。由于很多系统在不检查程序与缓冲之间变化的情况下,就接受任意长度的数据输入,把溢出的数据放在堆栈里,系统还照常执行命令。这样攻击者只要发送超出缓冲区所能处理的长度的指令,系统便进入不稳定状态。若攻击者特别配置一串准备用作攻击的字符,它甚至可以访问根目录,从而拥有对整个网络的绝对控制权。另一些是利用协议漏洞进行攻击的,如 ICMP 协议也经常被用于发动拒绝服务攻击。它的具体手法就是向目的服务器发送大量的数据包,几乎占了该服务器所有的网络宽带,从而使其无法对正常的服务请求进行处理,导致网站无法进入、网站响应速度大大降低或服务器瘫痪。常见的蠕虫病毒或与其类似的病毒都可以对服务器进行拒绝服务攻击的进攻。它们的繁殖能力极强,比如可以通过 Microsoft 的 Outlook 软件向众多邮箱发出带有病毒的邮件,使邮件服务器无法承担如此庞大的数据处理量而瘫痪。对于个人上网用户而言,也有可能遭到大量数据包的攻击使其无法进行正常的网络操作。

## 三、网络攻击的步骤及过程分析

### (一)隐藏自己的位置

攻击者可以把别人的电脑当"肉鸡",隐藏他们真实的 IP 地址。

### (二)寻找目标主机并分析目标主机

攻击者首先要寻找目标主机并分析目标主机。在互联网上能真正标识主机的是 IP 地址,而域名是为了便于记忆主机的 IP 地址而另起的名字,只要利用域名和 IP 地址就可以顺利地找到目标主机。当然,知道了要攻击目标的位置还远远不够,还必须对主机的操作系统类型及其所提供的服务等资料作全面的了解。攻击者可以使用一些扫描器工具,轻松获取目标主机运行的是哪种操作系统的哪个版本,系统有哪些账户,WWW、FTP、Telnet、SMTP 等服务器程序是何种版本等资料,为入侵作好充分的准备。

### (三)获取账号和密码,登录主机

攻击者要想入侵一台主机,首先要有该主机的一个账号和密码,否则连登录都无法进行。他们先设法盗窃账户文件,进行破解,获取某用户的账户和密码,再寻找合适时机以此身份进入主机。

### (四)获得控制权

攻击者用 FTP、Telnet 等工具利用系统漏洞进入目标主机系统获得控制权之后,还要做两件事:清除记录和留下后门。它会更改某些系统设置、在系统中植入特洛伊木马或其他一些远程操纵程序,以便日后可以不被觉察地再次进入系统。

### (五)窃取网络资源和特权

攻击者找到攻击目标后,会继续下一步的攻击,如下载敏感信息等。

## 四、网络攻击的防范策略

在对网络攻击进行上述分析的基础上,应当认真制定有针对性的策略。明确安全对象,设置强有力的安全保障体系。有的放矢,在网络中层层设防,使每一层都成为一道关卡,从而让攻击者无隙可钻。还必须做到未雨绸缪,预防为主,备份重要的数据,并时刻注意系统运行状况。以下是针对众多令人担心的网络安全问题提出的几点建议。

（一）提高安全意识

第一，不要随意打开来历不明的电子邮件及文件，不要随便运行不太了解的人发送的程序，"特洛伊"类黑客程序就是骗你运行的。

第二，尽量避免从互联网下载不知名的软件和游戏程序，即使从知名的网站下载的软件也要及时用最新的病毒和木马查杀软件对软件和系统进行扫描。

第三，密码设置尽可能使用字母数字混排，单纯的英文或者数字很容易被破解，将常用的密码设置为不同，防止被查出一个，连带到重要密码，重要密码最好经常更换。

第四，及时下载安装系统补丁程序。

第五，不随便运行黑客程序，许多这类程序运行时会发出用户的个人信息。

第六，在支持 HTML 的 BBS 上，如发现提交警告，要先看源代码，很可能是骗取密码的陷阱。

（二）使用防病毒和防火墙软件

防火墙是一个用以阻止网络中的黑客访问某个机构网络的屏障，也可称之为控制进出两个方向通信的门槛。在网络边界上通过建立起来的相应网络通信监控系统来隔离内部和外部网络，以阻挡外部网络的侵入。

（三）安装网络防火墙或代理服务器，隐藏自己的 IP 地址

保护自己的 IP 地址是很重要的。事实上，即便用户的机器上安装了木马程序，若没有该用户的 IP 地址，攻击者也是没有办法的，而保护 IP 地址的最好方法就是设置代理服务器。代理服务器能起到外部网络申请访问内部网络的中间转接作用，其功能类似于一个数据转发器，它主要控制哪些用户能访问哪些服务类型。当外部网络向内部网络申请某种网络服务时，代理服务器接受申请，然后根据其服务类型、服务内容、被服务的对象、服务者申请的时间、申请者的域名范围等来决定是否接受此项服务。如果接受，就向内部网络转发这项请求。另外，用户还要将防毒当成日常例行工作，定时更新防毒组件，将防毒软件保持在常驻内存状态，以彻底防毒。由于黑客经常会针对特定的日期发动攻击，计算机用户在此期间应特别提高警惕。对于重要的个人资料做好严密的保护，并养成备份资料的习惯。

# 参考文献

[1]初雪.计算机网络工程技术及其实践应用[M].北京:中国原子能出版社,2019.

[2]王刚,杨兴春.计算机网络技术实践[M].成都:西南交通大学出版社,2019.

[3]郑东营.计算机网络技术及应用研究[M].天津:天津科学技术出版社,2019.

[4]郭达伟,张胜兵,张隽.计算机网络[M].西安:西北大学出版社,2019.

[5]王秋华.计算机网络技术实践教程:基于 Cisco Packet Tracer[M].西安:西安电子科技大学出版社,2019.

[6]张继成.计算机网络技术[M].北京:中国铁道出版社,2019.

[7]卢晓丽,于洋.计算机网络基础与实践[M].北京:北京理工大学出版社,2019.

[8]刘申菊.计算机网络[M].北京:北京理工大学出版社,2019.

[9]杨文静,唐玮嘉,侯俊松.大学计算机基础实验指导[M].北京:北京理工大学出版社,2019.

[10]李美玥,赵滨,郭春雷.网络工程设计与实践[M].长春:吉林大学出版社,2019.

[11]侯燕,张洁卉.高等教育应用型本科人才培养系列教材计算机网络维护技术[M].哈尔滨:哈尔滨工程大学出版社,2019.

[12]张鹏程.计算机网络基础及实训教程[M].合肥:合肥工业大学出版社,2019.

[13]叶勇健,陈二微,林勇升.计算机网络技术[M].北京:北京理工大学出版社,2018.

[14]李荣利,杨先友,黄蕾.计算机网络技术[M].北京:北京工业大学出版社,2018.

[15]施建强.计算机网络技术[M].长春:吉林大学出版社,2018.

[16]瞿云华,张佳杰.计算机网络技术实训教程[M].北京:北京邮电大学出版社,2018.

[17]袁芳.计算机网络技术[M].北京:中国铁道出版社,2018.

[18]梁松柏.计算机技术与网络教育[M].南昌:江西科学技术出版社,2018.

[19]孙佩娟,谭呈祥.计算机网络与移动计算技术[M].成都:电子科技大学出版社,2018.

[20]姚俊萍,黄美益,艾克拜尔江·买买提.计算机信息安全与网络技术应用[M].长春:吉林美术出版社,2018.

[21]孟祥成.计算机网络基础实训教程:基于 eNSP 的路由与交换技术的配置[M].北京:北京邮电大学出版社,2018.

[22]任敏,张虹,徐劭毅.计算机网络技术[M].北京:中国原子能出版社,2018.

[23]徐志伟,卢微,倪洁.计算机网络技术[M].哈尔滨:哈尔滨工业大学出版社,2018.

[24]李京频.计算机网络技术[M].延吉:延边大学出版社,2018.

[25]张华,马楠,李灵佳.计算机网络技术[M].成都:电子科技大学出版社,2018.

[26]唐林,许绘香,崔月娇.计算机网络技术[M].延吉:延边大学出版社,2018.

[27]肖川,田华,苏雨龙.计算机网络技术[M].北京:高等教育出版社,2018.

[28]朱士明.计算机网络技术[M].北京:人民邮电出版社,2018.

[29]廖继旺.计算机网络技术[M].北京:人民邮电出版社,2018.

[30]刘华威,席东.计算机网络技术[M].西安:西北工业大学出版社,2018.

[31]张磊.计算机网络技术与运用[M].延吉:延边大学出版社,2018.

[32]李延香.计算机网络技术与应用[M].哈尔滨:黑龙江美术出版社,2018.